越难猜,越特别

浅浅 著

图书在版编目（CIP）数据

越难猜，越特别／浅浅著．——北京：新世界出版社，2015.8
ISBN 978－7－5104－5406－6
Ⅰ．①越… Ⅱ．①浅… Ⅲ．①情感—通俗读物 Ⅳ．①B842.6－49
中国版本图书馆 CIP 数据核字（2015）第 211600 号

越难猜，越特别

作　　　者：	浅浅
责任编辑：	黄倩
责任印制：	李一鸣　黄厚清
出版发行：	新世界出版社
社　　　址：	北京市西城区百万庄大街24号（100037）
总编室电话：	（010）68995424　（010）68326679（传真）
发行部电话：	（010）68995968　（010）68998733（传真）
本社中文网址：	www.nwp.cn
本社英文网址：	www.newworld-press.com
版权部电子信箱：	frank@nwp.com.cn
版权部电话：	＋86（10）68996306
印　　　刷：	三河市骏杰印刷有限公司
经　　　销：	新华书店
开　　　本：	710mm×1010mm　1/16
字　　　数：	230千字　印张：14.75
版　　　次：	2015年9月第1版　2015年9月第1次印刷
书　　　号：	ISBN 978－7－5104－5406－6
定　　　价：	29.80元

版权所有　侵权必究

凡购本社图书，如有缺页、倒页、脱页等印装错误，可随时退换。

客服电话：（010）6899 8638

CONTENTS

目 录

语已多，情未了	001
那些还没有终止的关系	003
龟毛男	005
天才白痴梦	008
征婚奇葩	010
世上最难的三件事	013
经典语录：性格不合	015
家家有本难念的经啊	018
亲爱的，我的那一半还在树上呢	021
永远别从别人嘴里去认识另一个人	023
相亲相到内伤	027
撒娇女人最好命	030
爱与爱过	032
代沟这个东西	034
门当户对，珠联璧合	036

目 录

还有下一次吗？	039
中规中矩的男人	042
也许你还年轻	045
女人是蜈蚣	049
永远不会有答案	051
宁做凤尾，不当鸡头	053
一场游戏一场梦	055
如果爱，请深爱	057
最可悲的人生	060
爱情概率	062
相亲之后……	064
狠下心来说"NO"	067
两厢情愿的事	069
女人燃烧的小宇宙	071
不爱那么多，只爱一点点	073
过不了夜的渴望	076
最尴尬的年纪	079
从血脉偾张到俗不可耐	081
叫姐姐还是妹妹？	083
命中注定的提款机	085
好女不过百	087
左手握右手	089
男人何苦难为自己	091

CONTENTS

目 录

影响女人容貌的六大因素	093
爱无力	095
各怀心事，也互不慌张	097
男人喜欢你时	099
失恋疗伤期	102
不必把太多的人请进你的生命里	105
男女之间的经济账	108
曾经的蜜糖	111
手撕前女友	113
只有满意，哪有最好	116
化解危险关系的方法	118
万能借口	121
离婚男人 VS 离婚理由	123
女人的选择	125
禽兽与禽兽不如	127
心情魔态几千般	129
抛砖引玉	131
十年	133
白色情人节，至死不渝	135
渴婚男人	137
冲动是魔鬼	139
胸怀与胸围的故事	142
热闹又脆弱的朋友圈	144

目 录

女人，女人	146
不是他滑头，只是你笨	148
如鱼得水	150
男人女人的友谊	152
女人心	154
爱上浪漫	156
喜欢这种感觉	158
将膝盖献给 90 后	160
只要你觉得幸福	163
不要跟他辩论	164
窝边草	166
女人的无奈	168
征婚启事	170
现实的男人	172
不顾一切地跳下去	174
女人的心腹之欲	176
处处留情	178
红男绿女，风月情浓	180
意外之获谁不得	182
没有锦，何处添花？	184
有些人你永远不必等	186
走到哪里都是漩涡	189
河东狮吼	191

目 录

爱情海	193
最高级的那种	195
等你开口	197
纠结在长发与短发之间	199
女人说爱是空气，男人说爱是呼吸	201
你童言，我无忌	203
江湖依然有他们的传说	205
温柔却暴烈	207
阅人无数	210
你们到了哪一步？	213
遗失的味觉	215
中等美女	217
真正的朋友	219
谜一样的男人	221
放蛊	223
愚孝	225
越难猜，越特别	227

语已多，情未了

语已多、情未了时大多还在纠结男人的负心吧。

还有太多未说出的话，他已下了封口令，任你再怎么讲，他也不听了。

可是，情还未了。

已付出的感情怎能说收就收？已流过的泪怎能说收就收？愈收愈是泛滥成湖。

女人的委屈一言难尽。

男人不管不顾，已下定决心分手，哪有心软的道理。

已有更好的出现了，谁还会留恋曾经的好。

男人都是经不住诱惑的。遇到厚道的男人还会给你一个缓冲期，渐渐冷淡你，给你一个适应分手的过程。遇上心狠的，直接跟你玩失踪，任你哭天喊地，再不现身。

情深似海的女人还没搞清楚状况，还生怕之前有什么误会没解开，拼命解释。

男人挥一挥衣袖，不留一片云彩。任何一句挽留爱情的话都是多余。语再多亦无用，即使情未了。

君子一言，驷马难追。分手二字既已说出口，便再无回头路。

可女人不甘心，即使是一段浪掷的爱也要善始善终。

她要男人给个说辞，"是否有别的女人"这种傻话也非要问个明白。

男人懒得理你，只好换掉手机，换掉钥匙，有的甚至连车也换掉了。生怕你拿着车牌号追踪。

女人一边恨他，一边又犯贱地想复合。本可以名正言顺地做个受害者，让男人理亏同情，可闹到最后，说了太多的话，连男人都觉得幸好跟你分手了，罪恶感瞬间逃之夭夭。

何必给男人这个台阶？

爱一个人爱到七分已足够，还有三分要留着爱自己。爱太满，对他而言不是幸福而是负担。总有女人不解：为什么我对他这么好，他还不满足，还要跟我分手？

自以为伟大的付出，从来都是失败的前奏。

当你觉得对他太好的时候，也正意味着他并不领情。

他珍惜你的时候，是该由你来感慨：他对我太好了！而不是你自怜自艾般感叹：我对他太好了！

如果你做的一切他并不珍惜，分手是迟早的事。

何不收起语已多、情未了的心绪，做个淡定的女人——没事从来不给男人发短信打电话，如果你问她怎么想的？她会说：他若不忙，就会和我联系。他若正忙，我打扰他干什么？他若不忙也不和我联系，那我联系他干什么呢？

女人是要有这份淡定和从容的。

死死揪住男人无情的衣袖，跟他纠缠情未了的时候，才是他最看轻你的时候。

那些还没有终止的关系

G 打电话通知 F 晚上同学聚会。

F 顺便说:"我的车今天开不了,你去的时候顺便捎上我。"

G 放下电话便不高兴了,立刻跟周围的朋友说:"你看 F,参加同学聚会还得我开车去接他,自己不会打车走吗,越有钱越装穷。"

当然碍于面子,晚上 G 只好开车去接了。

没想到 F 搬了两箱苹果等在路边,见到他便说:"就是想给你送两箱苹果,直接放你车上,省得其他人看到,怪我偏心只给你。"

G 的脸立刻红了,他又怎么会想到 F 会这么好心。而那些话已收不回了,心里不免后悔忐忑。

同学聚会,当然不能没有八卦。总有几个没心没肺地传话。

G 的那句话便毫无保留地传到了 F 耳朵里。

"参加同学聚会还得我开车去接他,自己不会打车走吗,越有钱越装穷。"

这话杀伤力并不大,但有了两箱苹果为前提,这话是有些过了。

F 和 G 的关系不言而喻。

之后同学聚会,G 再不会打电话通知 F。

F 见到 G,也是面无表情,不痛不痒。

有时,一句话是可以终止一段关系的。即使是朴素的同学关系。

两人之间的亲近，需要太多的好话积累；而疏离，只需简单到一句话。

不多不少，最致命的一句话就足以毁灭一切美好关系。

如果 G 大方一点，跟 F 解释清楚，或许还有机会。

可 G 终不是一个大方的人。

如果 F 大度一点，能不计前嫌，主动化解，关系也有缓和的余地。只是对 G 这样的人，他也懒得再做出解释的姿态了。

男人也不比女人高明多少，记仇、传话这种小事，他们也一样不少。

只是冷战的时间要比女人短得多。

如果一单生意恰好经由 G 和 F 之手，二人立刻破涕为笑，合作无间。生活上的小情绪，在生意面前都会败下阵来。

看在金钱的份儿上，男人也会妥协。

只是这种金钱关系也失了味道。F 再不会傻傻搬了两箱苹果等在路边。G 也不敢再冒然张口说一些泄私愤的风凉话。

一段关系的开始总有些模糊莫名，一段关系的结束却总有迹可寻。

那些还没有终止的关系，那些还能搬了两箱苹果傻傻等在路边的朋友，那些相逢至今还未散去的情感，都是惊喜。

龟毛男

一对恋爱中的男女，男朋友对女朋友说：

"你能不能别皱眉头，眉心都有皱纹了，很难看。"

"你能不能不要大笑，眼角全是鱼尾纹，谁看都觉得你比我老。"

"你能不能去报个健身班，看你那体形，要胸没胸，肚子全是肉，真没法看。"

"你能不能每天跑跑步，看你那两条腿跟麻杆似的，你以为腿瘦就好看啊，腿要结实有点弧度才好看。"

"你能不能去焗焗油，你看你那头发跟枯草一样。"

"你能不能去做做美容，你看你的皮肤多粗糙，还不如我的嫩。"

……

这么挑剔的龟毛男，处女座是也。如果你不幸交到一个处女座男友，如果你没有超级忍功的话，劝你趁早另起炉灶。

龟毛男人你无法与他相处，他不仅挑剔你的内在，嫌你不爱他、不关心他，更挑剔你的外表，甚至所有的生理问题，他都会搬出来挑剔。

龟毛男人大都情商为零，他们没有生活情趣，每天所有的精力都用来挑剔你的不是。

龟毛男人小肚鸡肠，他们比女人还婆妈，对你以前的情史他们会刨根究底，时刻铭记于心，随时随地拿出来与你探讨。

龟毛男人几乎从不看书，爱情故事没有读完一个。他不懂浪漫的同时还认定你不是一个浪漫的人。

龟毛男人没有正义感，他分不清孰是孰非，只要是错都是女人犯下的。

龟毛男人都有恋母情结，他会每天跟母亲汇报你们的进展情况，根据母亲的指示，与你发展下一步。

龟毛男人很少有朋友，男人嫌他像女人，女人嫌他没有男子气概。

龟毛男人追求完美，你身上任何一处缺憾都逃不过他的眼睛，他自己达不到的标准，他要求你达到。

龟毛男人思维另类，你随便的一句话，他会分析出几层含义，再回来质问你为什么要给他这样的暗示。

龟毛男人怀疑一切，你们不在一起的时间，他会把场景想像成你跟别人做爱。当你出差时，他会打无数电话调查你是否真的出差。

龟毛男人大多单身，几乎没有热恋的经验，女人都被他们的挑剔吓跑。

龟毛男人不光是处女座，现在越来越多的男士也加入到挑剔的行列中——

巨蟹座男人问："你的漂亮是化妆化出来的吧，你卸了妆什么样？"

双子座男人问："你开车吗？车是什么牌子的？这车是你自己的吗？"

白羊座男人问："你会做饭吗？做得好吃吗？煲汤会不会？"

摩羯座男人问："你不会做家务，怎么娶你？要做我的女人，你必须要做家务。"

射手座男人问："你车技这么差，以后怎么在社会上立足？谁敢坐你的车？"

……

总结龟毛男的特征，不外乎这四大条：

一、绝不阳痿，但精神不举。

该表白的时候失忆，该接吻的时候吐痰，该上床的时候尿频。

二、字典里没有春天。

在龟毛男脸上永远都写着 nothing，他们喜欢的女人永远都住在火星，即使拥有天仙美貌的姑娘，他们也是守身如玉。

三、龟到之处，所向披靡。

最让人受不了的就是，龟毛男都有致人伤残的眼神，以及该死的温柔。

四、对付龟毛男最有效的方法就是大声对他说：请你一定要比我幸福！

如果说不出这句话时，那么你只有一个办法——三十六计走为上策。

天才白痴梦

男人喜欢把女人定义成两类：可以做老婆的和可以做情人的。

A女太漂亮，太性感，眼睛会放电，眼神会勾人，举手投足都能把男人诱惑得流口水。

此类女人放家里不安全，可留给外人也可惜，当情人最好。

B女长相普通，善良贤惠，放在人堆里不扎眼，但对男人会死心塌地地好。

此类女人放家里安全，放外面也放心，当老婆最好。

男人都喜欢A女，情人谁都想有。

对此类女人，男人不一定会追，性幻想而已，没有雄厚的经济实力，又谈何追求的资本？就像你咬牙买了别墅，又不一定能供得起。

男人又需要B女，老婆谁都要娶。

对此类女人，男人追到手了，便不珍惜。这么平庸的女人要跟她过一辈子吗？男人心里不甘。就像经济适用房你买得起，但住久了总会嫌弃。

徘徊在A女与B女之间，男人也有他们的苦恼。

不敢追的，心里惦记；轻易追到手的，又觉无趣。

男人一直有个梦想：B女能有A女的身材长相，A女能有B女的传统贤惠。

男人渴望梦想照进现实，盼望有一天他们可以遇到既可以当情人又可以当老婆的女人。

A女终于与B女合而为一，她们既性感，又传统；既漂亮，又本分；既充满诱惑，又善良贤惠……

女人也有这样的梦想：她钟情的男人可以既多金，又正直；既英俊，又不花心；既有才，又有责任感……

男人女人都爱做天才白痴梦。只是男人更现实，他们懂得妥协。

当A女与B女的综合体始终无缘遇见时，他们会先选择B女，等有一天口袋多金时，再找A女也不迟。

女人却要固执地等下去，终于等到钟情男人出现，却又被无情地抛弃后，她们才懂得蹉跎的岁月都留在了梦醒时分。

征婚奇葩

有位UK"海龟"在网上征婚,开出了这样的条件:

本人西城户口,在北京有五套房,外地三套房,京车两辆。本人系干部家庭,大院生长,先后在世界500强和全国知名金融保险集团从事资产管理工作,现已辞职。

征婚条件如下:

一、绝对温顺听话不干涉我自由;二、身高170以上;三、能养活自己;四、有房有车;五、婚后AA制;六、婚后生至少一儿一女;七、身份证必须110开头,米莱范儿的适度宽松!

征婚独白如下:

本人喜欢北京丫头,就喜欢身高170以上姑娘,喜欢温顺女子。

一、为结婚而结婚,为孩子为父母结婚,契约式婚姻,亦非找爱情找恋爱感觉,别期待别梦幻。

二、觅黄河以北、必须170以上、性格温顺、贤妻良母。

三、性格绝对天马行空大男子主义,不会伺候照顾宠人,家中老二,习惯被人照顾,反感被人管束。

四、对生活家庭要求简约整洁,不接受道德人品素质太差太假的,不喜欢不做饭不收拾的,不喜欢翻手机管束男人过分黏人的,不伺候任性耍脾气。外地人不介意,但介意家里负担重、亲戚经常打扰、过年要陪回女方家、麻烦事多的。关于婚礼，简单低碳，无铺张恶俗。关于孩子，严格朴素，奶粉教育一流。

五、女方以及家庭有养老社保没负担，能养活自己，不会降低家庭生活标准。

六、生个兔宝宝或龙宝宝，未来孩子不能少于两个，必须有一个男孩一个女孩。

七、绝对要温顺温顺还是温顺，听话，性格好，脾气好，不任性，贤妻良母。

八、我们大家都很忙，达不到要求的、性格不合的、幻想恋爱感觉的、没打算尽快结婚要孩子的、好奇的玩儿的聊Q的性饥渴的人皆留电话的，请别浪费我时间精力汽油。

九、身份证110开头或门当户对或米莱范儿的适度宽松！P.S. 摆家世仅为区分市井。

本人18离家，无人依赖，学历工作房车靠自己，考试应聘工作，业余积累。见狼吃肉不见狼挨揍的别乱下结论；说我没资格嫌挑的看人权宣言去；眼红的好好读书然后七年午夜下班没有周末赚钱去；说见有钱人多了的傍他们去，我只是小康；靠男人的没门儿，财产公证和无纸婚姻去；骂人的立刻投诉！我的资料要求写得很清楚了，能达到我要求的，再回信！！

此征婚信息网上一公开，招致骂声一片。这样的"海龟"基本也是被资本主义害得脑残了。不知什么样的女人会愿意跟这样的男人结婚。

论智商，他能出国当"海龟"，成绩也是过关斩将的；论情商，他能写出如此矫情的征婚独白，也非一般脑细胞可比的。只是他的智商、情商都有些偏门。

有人说，条件好的男人是应该有资格挑的。这话没错，只是符合这些条件的姑娘一定会选他吗？即使选了他，又生不出兔宝宝或龙宝宝还是白搭。

好男人会给他爱的女人尊严。把女人当条件来等价交换的，早把尊严踩碎一地，还高贵地等女人争相来收拾残局。有几个这样作贱的女人？

也许有，见狼吃肉不见狼挨揍的还真不能乱下结论。廉价的东西，从来不会缺货的。

世上最难的三件事

有人说：世上最难的三件事是不浪费时间，保守秘密，忘记别人对你的伤害。

颇有共鸣。

好像从记事开始，每年每月每日都不知要浪费多少时间，有时无所事事地发个呆，一整天就这么过去了。日积月累下来，才知自己一事无成。可把时间倒转重来，不上进的你还是会选择大把时间来无所事事地发呆，仿佛时间就是用来浪费的。

一转眼，青春已翘起尾巴，心有不甘地唱起来：时间都去哪了？其实你心里最明白，时间都浪费掉了……

保守秘密这件事是最经不起考验的。

如果你想考验你的朋友，只须将一个秘密告诉他/她。不出几天，你一定会在第三个人口中听到这件事。这年月，朋友是经不起考验的，秘密更是不能轻易说的。

可是，憋在你心里也是难受，若再不找个人说出来，非爆炸不可。于是你总是千叮咛万嘱咐道："这事我可只跟你一人说了，你千万别说出去啊。"

听的人便郁闷了，你倒说出来痛快了，可这事我憋在心里我找谁说去。煎熬几日，终于还是找到一个人说了出去。临了也不忘加一句："这事我可只跟你一人说了，你千万别说出去啊。"

当你说出秘密的那一刻，你就该知道，这是一个众人皆知的秘密……

谁都会抱怨自己的记性越来越差了，有时差到刚起身要出去，却已忘了要去干吗。

可是，不管你记性有多差，有件事却有如刻印在你脑海里，多年都不曾退去——那便是别人对你的伤害。

一旦伤害了，那种痛铭心刻骨，它已成了你身体里的一道疤，遇上任何风吹草动，它都有可能隐隐作痛。

许多欢笑，随风而过，而受过的伤却一直潜伏在身体里，久久难愈。

总是劝自己豁达些，看开些，再看开些，可摸到那道疤时，眼泪又劈啪掉下，不争气到极点。

时间带走了故事，却始终带不走那层深深的伤害……

也有人天生就笃信：世上无难事，只怕有心人，他既可以不浪费时间，又可以保守秘密，还能忘记别人对自己的伤害。

这样无难事的人生应该就是完满吧。

只是不能无所事事地发呆，又要替人保守秘密，还要时刻提醒自己忘记曾经的伤害，这样的人生应该也是蛮辛苦的吧。

经典语录：性格不合

男女分手最经典也最百搭的语录便是：性格不合。

只这一条便解释了所有的前因后果，涵盖了所有的千疮百孔，令你百口莫辩。

你们都性格不合了，还有什么理由在一起？！

这么一问，稍有些自尊的人都不好意思再强词夺理了，还是乖乖分手吧。

阿杰谈了半年的恋爱便分手了，问他原因，只这一句：性格不合。

再细问究竟哪里不合？

他也答不上来，总之都是性格导致的不和，走不下去，只有分手。

阿杰的性格内向，不善言词，也没有太多的幽默感，有些闷骚，又有些骨子里的清高。

他的女朋友性格外向，年纪大他两岁，有些着急想结婚。

阿杰三十六岁，他坦言并不着急结婚，他给自己定的结婚年龄为四十五岁。女友一听，还要再等上九年才能走入婚姻，便在无奈中提出了分手。

阿杰不能理解，为什么不能等他九年，只谈半年就结婚这就是闪婚，是对婚姻的不负责任，他坚决接受不了闪婚。二人的分歧就此展开，最后不得不以分手收场。

再问阿杰：你爱你女朋友吗？

他一时语塞。想了半天，他才说："我对她并不满意，一直都是她追我。"

一语中的，这才是分手的真正原因，性格不合只是一种修饰语，是对双方情感结束的广而告之。

阿杰却不认同，他觉得也许时间再长些，他会爱上那个姑娘，但只相处了半年，又怎么能谈婚论嫁？他觉得还是性格问题，如果这姑娘不是急性子，能愿意再等他九年，或许他们能走入婚姻。

阿杰对婚姻的谨慎态度一点儿也没错，只是他把所有问题都归到性格上，有些让人泄气。

男女双方，一个想早点结婚，一个不想轻易结婚，是两人对婚姻的态度不同，跟性格沾边吗？

阿杰说："当然跟性格有关，她性格太强势，总逼我跟她结婚，我当然接受不了。我也劝她对婚姻要慎重，她就是不听。她的性格能把我逼到崩溃的边缘。如果她不是这么逼我结婚，恐怕我们到现在也不会分手，就是性格不合。"

那么反过来，阿杰和女友身份对调，他变成渴婚的大龄女青年，遇到一个不想结婚的男人，又会做何感想？

也许他会说："都三十六了还不想结婚，脑子不知道想什么，还让我等他九年，脑子进水了吧……"

阿杰尴尬一笑，他庆幸他不是那个大龄女青年，他还有耗到四十五岁的资本。他直言道："即使我到了四十五岁，我依然可以找二十岁的姑娘，所以我一点儿不着急。"

但是凭阿杰现在没车没房、事业无成的条件何以吸引二十岁的姑娘？

他悠然一笑道："我有北京户口啊！就凭这个。"

……

阿杰以胜利者的姿态结束了谈话。在他向姑娘们摆出 V 字的手势时，你豁然明白了"性格不合"的全部含义。

一个人性格中的弱点只有自己最清楚，那么以"性格不合"作为理由，是为自己开脱的最好借口。

家家有本难念的经啊

小文的婚后生活一直令人羡慕，不是羡慕她嫁了个好老公，而是羡慕她有个好婆婆、好公公。

婆婆好到什么程度——她住婆婆家，可以和住自己家一样。衣服脏了往洗衣机一扔，自然婆婆会给洗；从不用买菜做饭，婆婆每天自然到点就给做好；甚至像盛饭、拿筷子这种小事她也不用操心，婆婆碗筷都得摆到位，喊了三声，她才叫着孩子上桌吃饭；其他什么诸如扫地、打扫卫生这种琐事更轮不上她费心了……

公公好到什么程度——自打孩子上了幼儿园后，什么接送孩子上下学的事全交给公公了，一年三百六十五天，风雨无阻。即使公公马上七十岁，是否还有资格开车，她不管；即使公公撞了车她也不管，只要不撞到孩子，都不是事。她只管下班约老公和闺密吃饭，孩子的事她再不用操心了……

这样的幸福生活上哪儿寻？

当然，小小摩擦还是有的。

比如，一次她感冒，婆婆说："不如你回你家住几天，等感冒好了再过来，免得传染孩子。"

这话她不高兴了，立刻跟老公抱怨："你妈这是赶我走啊！"一气之下摔门而去。

老公自然只好数落自己的老妈:"你干吗赶我老婆走啊,赶紧给她打电话让她回来,跟她道个歉。"

婆婆怕儿子不高兴,赶紧打电话跟媳妇赔不是,这事才过去。

再比如,一次公公去接孩子放学,接回来之后,她才发现竟把孩子的拖鞋落在学校了,便不高兴了,跟公公埋怨道:"拖鞋明天上游泳课还得用呢,你现在赶紧去找找,看看丢哪儿了。"

公公自知办错事,饭也顾不上吃,赶紧再开车回学校找拖鞋,可到了学校才发现学校早已关门了。回来后,小文接着埋怨道:"以后可不能再忘东西了,现在小偷那么多,拖鞋肯定是被别人拿走了。"

婆婆终于忍不住说:"不就是一双拖鞋吗,丢了再买一双,这才几块钱,还用开车再去找,料想到也找不回来了,还不够来回油钱的。再说到现在晚饭还没吃,哪个重要?!"

当然这话都是气话,也只是在肚子里念叨一下,哪好意思在小文面前说。这一说不就破坏家庭团结嘛……

人人都羡慕小文嫁了一个这么好的人家,小文却心生怨恨。

这家人是好,可就是多了一个小叔子。这个小叔子至今未婚,还赖在家里住。害得他们只能从公公婆婆家搬出来,无奈告别衣来伸手、饭来张口的日子。

如果她老公是独子,那这个房子完全可以归老公所有,他们也不用搬家了。

所以最令小文不满的,便是这个小叔子。

为此,她给他介绍过,希望他赶紧成家搬出去。只是命运弄人,几次相亲,结果都没成,弄得小文比这个小叔子还沮丧。

几年下来,小叔子仍是一个赖在家里的光棍儿。小文终于忍无可忍地跟小叔子干了一架,让他别这么不要脸赖在家里,赶紧滚出去,这房子她是要定了。

两人从动口到动手,小文拉上老公,一场恶战。

公公婆婆犯了难,两个都是自己的儿子,到底房子该给谁呢?

总不能交到法院判吧?传出去也太丢人了。

公公只好发话:"只要我们俩还活着,就不许你们争房子!"

这事闹了几年,仍无结果。小文什么手段也使了,甚至在微博上都公开许愿:家里的这个小叔子赶紧被黑山老妖叼走吧!

当然,黑山老妖没有来,小叔子仍住在家里顽强抵抗,小文的这颗眼中钉、肉中刺依然屹立不倒。

每当别人羡慕小文的婚后生活时,她总是千回百转地叹息道:"唉,家家有本难念的经啊!"

亲爱的，我的那一半还在树上呢

老婆说："老公，如果我们的婚姻平等的话，你就应该把地上的落叶扫掉一半。"

老公说："落到地上的一半树叶是你的，亲爱的，我的那一半还在树上呢。"

遇到这样的老公，老婆恐怕只能抓狂地冲他做鬼脸。

大多数人的婚姻中，老公通常是要比老婆懒的。

遇到懒的老公，你怎么办？

S 说："我老公在家什么也不干，每天下班就知道把脚往茶几上一放，一边看报纸一边说，去给我倒杯茶来。我实在忍无可忍了！"

后来呢？

S 接着说："后来我们就离婚了，我忍了五年，没办法再过下去了。我又不是他的保姆，受够了。"

S 最终是以离婚收场，原因只因那个"懒"字。

P 结婚三年，同样不幸地摊上一个懒老公。

P 说："谁叫我当初追的他，我老公长得帅，能追上他，挺费劲的。结了婚，家务什么的当然是我干，谁叫我心甘情愿呢。"

真的从无怨言？

P 说："当然有啊，只是我选择忍，如果不忍我们肯定早离婚了。为了孩子,我只能忍下去。像我这样的能找到这么帅的老公,我还图什么呀?"

P是外貌协会的,自然为了帅老公什么都肯忍下来。只是她忍三年可以,不知再忍个三十年,是否还有这个心力。

M倒是有办法,她说:"我老公特懒,但我有办法治他。衣服他不洗,我也不洗,看他到时候穿什么。他不愿意做饭,我也不做,大不了都去外面吃。时间长了他也受不了了。我们现在就轮着干。他干一天,我干一天,这样下来我不信治不了他的懒病。"

看来M是铁了心地要将老公的懒毛病治愈。

过了一段时间再见到M,问疗效如何?

谁知她竟委屈地哭起来,原来她老公有了外遇。

"都怪我逼他太狠了。我要是不让他干活,估计他就不会找外遇了。现在可怎么办啊?"

这真是顾了小头,失了大头。可这样的老公就算失去了,又有什么值得惋惜呢?

M说:"至少他是个老公啊。家里没个男人,谁都欺负你。你以为单身女人在社会上好混哪……"

原来女人需要的只是一个老公身份,至于他是不是懒,都不在话下了。

所以男人通常都有懒的资本的。有几个女人婚后可以做到饭来张口,衣来伸手?

遇到懒的男人,你不是婚后第一天才发现,你认识他的时候,他就已经是那个样子了。要么,你认命;要么,你放弃。总想不甘心地去改变对方,只会自讨苦吃。

地上的落叶,要么你全部扫了,要么,你也任性地视而不见,因为老公的那一半还在树上呢。

永远别从别人嘴里去认识另一个人

同事充当月下老，要给小西介绍男友。

同事这样介绍：

"这个男孩儿素质很高，曾借调到我部门帮助工作，表现很出色，对同事很好，人也大方，很阳光。年纪轻轻已提到副处，还会有上升空间。人很有才华，学历是硕士，人品不错，你赶紧见见吧。"

小西听到别人这样的描述，感觉这人错不了，便很快与对方联系后见了面。

见面后男人主动挑起了话题：

"我觉得你定的这个见面地点不太好，你看这家咖啡馆，布置得很差。你看这个插座上面都有土，这说明什么？说明老板经营得不行。如果我是这家店的老板，我一定不允许插座上有灰尘。"

小西有点不知如何接话，便只好继续倾听。

男人接着说：

"我这人工作能力非常强，尤其注重细节。如果我给领导当秘书，我敢说全国没有人能比我干得好。我要是看见领导的皮鞋脏了，我能马上弯腰，把领导的皮鞋擦干净了。一般人没我这个眼力见儿。"

小西恭维道："你比较适合当秘书。"

男人说："我确实适合，但我当不了一把手。我家来自农村，出身不好。我挺恨我爸的。我爸在家就是一个好吃懒做的人，什么都靠我妈。自己还穷大方。别人跟我们家来借东西，他就一口答应说不用还了。他有什么资格这么做？家里的一针一线都是我妈挣钱买来的，他干什么了？！这次我买房子，我给他打电话，他跟我装傻，儿子买房给父亲打电话，当父亲的能说什么，当然是借钱给儿子啊，这还用说吗。结果我爸就装傻，一分钱的事都不提。我也不指望他，我自己凭本事挣钱，最后也买了房子。但是我也跟他说清楚了。这个房子只能我妈过来住，他没有资格来住！"

小西有点听不下去了，说："你不能这么对你爸。"

"他活该！我看不起他。但我是个孝子，他这次生病住院，花了我九万块，我虽然讨厌他，但我还是替他把钱付了。因为我这人孝顺。我自己平常非常节俭，我像我妈，一分钱都得攒着，从不乱花钱。但我爸就不行，自己在农村还用联想的手机，太奢侈了！他这样的用什么智能手机？！像我在北京，我都不用好手机，我这个手机才五百块，我觉得够用了。我妈就很省，手机都不用，我的优点都像我妈，缺点都像我爸。"

正说到这儿，服务生忍不住过来问："请问先生您点点儿什么？"

男人给自己要了一杯开水，给小西点了一杯饮料，并说："我这人对自己很抠，但对女孩儿很大方。我宁肯自己什么也不点，也得给女孩儿点喝的。"

小西面上有些尴尬，与服务生面面相觑。

服务生不死心地问："您只要开水吗？咖啡您不点吗？"

男人说："我这不正看你们家菜单嘛，给我一点时间，我慢慢点不行吗？"

服务生只好悻悻地走了。

男人又说："我这人很大方的。我在我家附近的咖啡馆办了一张三千的卡，一般人是舍不得的。我还在一家饭店办了张两千的卡，我是一个非常会享受生活的人。我从农村出来，奋斗到今天，三十来岁就买了房子，而且还在五环边上，非常了不起了。"

看着男人露出骄傲的笑容，小西也跟着笑了一下，只是笑得有些不好看。

一直到两人起身离开，男人始终抱着这本菜单。直到要结账时，男人才把菜单放下，主动跟服务生说："我来结账，算我的！"

一场相亲下来，小西脸上始终是尴尬的表情。

她回想同事介绍时说的那些话：工作表现很出色，对同事很好，人也大方，很阳光。人很有才华，学历是硕士，人品不错……

这说的是一个人吗？而此人留给小西的印象并未出现这些标签。

这个故事正印证了一句话：你永远别从别人嘴里去认识另一个人。

别人眼中的他，和你眼中的他永远无法在同一个角度，印象自然是大相径庭。

同事与他只是工作关系、上下级关系，自然喜欢这种能为领导低头擦皮鞋的人；而你与他是相亲关系，只会看他是否适合当一个与你合拍的老公。角度不同，感觉自然不同。从工作的角度看，他完美得无懈可击；从相亲角度看，他全无男人的大气大度，自卑与自信时常打架，整个人毫无气质可言。

了解一个人是需要亲力亲为的，总想省事一般，从别人嘴里打听另一个人，你听到的可能会是截然相反的另一个版本。接下来的失望，自然在所难免。

不如先不要问，先不要下结论，一切眼见为实，结果一目了然，尽在掌握。

当然，相亲时，你会从别人嘴里听到对方的赞美，月下老美言是为了撮合，但除此以外，恐怕你听到的更多的是诋毁。

两个人在一起时最擅长的就是说第三个人的坏话，这已成了一种谈资和八卦。

你信了，可能会误解了第三个人；你不信，可对方说得有鼻子有眼的，为何不信？

同样，你也会变成别人谈资中的那个第三者，你永远不知道你在别人嘴里会有多少个版本，也不知道别人为了维护自己，说了多少诋毁你的话，更不可能去跟每个人解释那些不切实际的闲言碎语。

要么，你置之不理，继续你的生活；要么，你大动干戈，去和他们辩论维权……

不管你选择什么样的方式，只需记得这样一句话：

"如果你没瞎，就别从别人嘴里认识我。这个世界不怕真坏人，就怕遇见了假好人。"

相亲相到内伤

二十九岁的小婉开始相亲，女人过了三十岁还嫁不出去便要成为社会问题，一颗恨嫁的心火烧火燎。

其实女人并不是到了三十岁才恨嫁，大学一毕业，恨嫁的心就有了，只是二十几岁心比天高的，到了三十岁的坎儿，便开始向相亲低头了。

第一个相亲男人一落座便说："你是内蒙人吧？"

小婉问："内蒙人有何特征？我像内蒙人吗？"

男人答："我去过内蒙好多次，你跟那儿的人长得一模一样。"

土生土长的杭州姑娘小婉脑中立刻浮现出斯琴高娃的影子……

一面之后，男人再未与小婉联系，也许他真的不喜欢像斯琴高娃这类型的女人。

第二个相亲男人个子很高，外表还算周正。

聊了几句后，男人问："你是东北人吧？"

小婉说："东北人有何特征？我像东北人吗？"

男人答："一听你说话就知道你是东北人，你长得也像东北人。"

从未去过东北的小婉，一时语塞……

一面之后，男人再未与小婉联系，也许他真的不喜欢东北女人。

第三个相亲男人很斯文，主动让小婉点菜。

吃过一餐之后，男人说："你是北方人吧？"

小婉问:"北方人有何特征?我像北方人?"

男人答:"我是南方人,所以觉得你跟我一点儿都不像,你应该就是北方人。"

小婉解释自己并不是北方人,同他一样是南方人。

男人笑道:"我没说北方人不好啊,你没必要不承认啊。"

小婉有点哭笑不得,不知如何作答……

一面之后,男人再未与小婉联系,也许他真的不喜欢他所谓的北方女人。

第四个相亲男人嘴很甜,喜欢赞美:

"你说话很好听啊,怎么没去当播音员,你外形也不错啊,应该去做主持人啊。"

小婉有点受宠若惊。

男人接着说:"你是少数民族吧。"

小婉问:"少数民族有何特征?我像少数民族?"

男人答:"你属于长得比较有特点的,挺与众不同的。"

小婉微微一笑。

男人说:"我们家就希望我找个少数民族,这样就可以生二胎了。你是独子吗?单独也可以生二胎,你没有兄弟姐妹吧?"

小婉迎着男人热切的眼神,有些呆若木鸡。她既不是少数民族,还有一个姐姐。

一面之后,男人再未与小婉联系,也许他真的只想生二胎。

第五个相亲男人样子很帅,令小婉有点一见钟情。

恰好男人说:"你长得很秀气,应该是南方女孩吧。"

小婉终于感动得不住地点头,心中窃喜,终于有人慧眼识珠了。

男人说:"你长得这么漂亮,条件这么好,怎么还用相亲啊?"

小婉低语社交圈子窄。

男人接着说:"我看你肯定是有问题吧,你性格不好吧,脾气差吧,是不是比较爱吵架,你有洁癖吗?要么你就是自恋清高,或者你是拉拉……"

不等男人说完,小婉落荒而逃。

……

相了一年的亲,小婉仍然嫁不出去。火烧火燎的那颗恨嫁的心在三十岁那年倏然安定了。她说:既然成了社会问题,就不枉担了这恶名,受外伤,总好过受内伤。

相亲的女人外表光鲜,她受的内伤却无人知晓。

撒娇女人最好命

男友与娜娜分手，原因竟是嫌她：不会撒娇。

娜娜很委屈："我都三十好几了，还能天天对着你撒娇？"

男友也很委屈："你连撒娇都不会，跟你结了婚岂不是没有一点儿生活情趣？"

男人对撒娇一事，还真的很在意。

女人，尤其是女汉子，更有话要说——

"抱歉，撒娇对于我不是随时随地的事，我只会对彼此喜欢的人撒娇。如果你看不到我对你撒娇，那是因为我根本不爱你。"

也许这才是心声所在。

有些女人不会轻易把撒娇当成一种手段，亦不会见谁都撒娇，这种女人反而本分。

试想对一个普通朋友撒娇，是否会令对方尴尬，抑或令自己被看低？即使对一个喜欢自己，而自己并无感觉的人，撒娇也很难做得出来。同样，对一个自己喜欢，而对方并无感觉的人，撒娇更是难上加难。

男人却并不领情，他把这种本分理解成无生活情趣。现实的残酷便来了——会撒娇的女人有人疼。不擅长撒娇的女人终要落得自己疼自己。

对男人来说，女人的杀手锏就是撒娇。

再强悍的男人，遇到会撒娇的女人都会败下阵来。

男人用甜言蜜语能打动女人的芳心，女人用撒娇可以让男人更爱她。

有的女人对任何男人都懂得撒娇，男人对她发嗲的声音很是受用，心甘情愿为女人鞍前马后。女人尝到好处，变本加厉，处处撒娇。

但也有男人不吃这一套的，他们对女人的撒娇不买账，丁是丁，卯是卯，违背原则的事他们不做，即使女人的声音再嗲再酥。如果娜娜遇到这样的男友，倒是会一拍即合。

有讲原则的男人，也有会撒娇的男人。

男人犯错时，向女人撒娇，是一条求得原谅的捷径。只是男人却不能把撒娇当作杀手锏。当男人的撒娇泛滥时，女人只会嫌弃。

当会撒娇的女人遇到原则性强的男人，那是无功而返。

当不爱撒娇的女人遇到会撒娇的男人，那是一种情趣。

当两个都爱撒娇的男女碰到一起，那是滑稽。

当两个都不懂得撒娇的男女相聚，那是无趣。

撒娇用得好，会营养彼此的爱情，是女人的可爱。

撒娇漫天漫地，会营养过剩，是女人的轻浮。

越难猜,越特别

爱与爱过

我爱他!

我爱过他!

这两句话只差了一个"过"字,意境便千回百转了。

我爱他——透出浓浓的爱意和甜蜜。

我爱过他——已有心酸、委屈和悲伤。

爱与爱过,只差了一个字,却隔了一个无可言喻的曾经。

爱他时,从不想前因后果,只想此刻拥有便是幸福;爱过时,才知原来的曾经已是酸涩的回忆。

爱着的时候,从不曾想有一天这段感情会成为过去。

过去的时候,再回忆从前那段情总有千种不舍与难耐,可再挽留,该过去的时候终是过去了。

固执的人赖在回忆里迟迟不肯出去,外面那么好的阳光都放弃了。终还是眷顾那个情深似海的曾经。

曾经我们是早晚都相见的,难舍难分;曾经我们同吃一个冰淇淋,抢到化了再买一个;曾经也傻傻地穿过情侣装,被路人看来看去;曾经哭于你面前,还要求一个爱的抱抱;曾经枕于你的肩,曾经轻吻你的面;曾经想跟你过每一天,永不厌倦……

曾经秀过恩爱,虐死单身狗……如今自己成为单身狗的时候,才知自己当初如何不仁道。

理智的时候，这样想：只是曾经一起走过一段路而已，何必把怀念拉得这么长。

孤独的时候，又开始顾影自怜：为何已走了大半程了，依然要半途而废？如果再去争取一下，以心暖心，会不会重拾爱意，再并肩叙旧？

患得患失之间，总会忘记自己走错路，更不愿承认自己爱错了人，不想回头，不懂放手，在爱与痛的边缘摸爬滚打，痛不欲生。

又敏感，又心软，不甘心，不情愿，那颗爱着的心，终是不肯放下来。

逞强之后，时间浪费了大半，才不得不面对现实，原来自己从"爱"已升华到了"爱过"了。

慢慢地，你可以说服自己去理解曾经爱过的那个人，那时的你才能坦荡地说出那句：我爱过他！

一种结束总会换来新的开始。

时间是剂良药。曾经原谅不了的，结果都原谅了；曾经要死要活想拥有的，现在都不需要了；曾经以为最好的东西，也不觉得那么好了；曾经最痛的那道伤，几乎变得麻木了；曾经最爱的那个人，最终成了路人甲了……

时间抚平了内心的棱角。慢慢地，沉静下来，顺其自然，感悟没有到不了的明天。

时间恍若流水，爱与爱过，从来都是一件不大不小、不好不坏的小事。

越难猜，越特别

代沟这个东西

同龄的女孩子总是更能聊得来一些。

她们一同经过相似的时代背景，价值观、人生观都受那个年代影响。不管在哪个场合碰到，同龄女子更容易熟络。

不得不承认人与人之间一定会有代沟问题。

"我们那个年代是不能自由恋爱的，要靠组织批准。"

"我高中才谈的恋爱，已经算很晚熟了。"

"大学还没有男朋友的，会被当成怪物的。"

"我儿子已经给我介绍他幼儿园的女朋友啦。"

……

这些人当然不是一代人。他们遇到一起，是要努力寻找交集的。

有些男人会死不肯认同"代沟"这个东西。

70后找个80后，这算代沟吗？

"当然不算了，两人相差十岁正好，年龄太近了反而会打架。"

60后找个80后，这算代沟吗？

"我们真的没有代沟，她喜欢的我也喜欢，我年纪比她大，反而更能包容，我们在一起很和谐。"

50后找80后，这算吗？

"为什么非要纠结代沟这个东西？难道同龄人他们就能什么看法都一

致？还得看你们之间是否喜欢。如果喜欢，代沟根本不是问题。"

50后找90后，这总应该算了吧。

"我们是真爱。真爱可以超越年龄的，在真爱面前，代沟是苍白无力的。只要我们相爱，任何问题都不是问题。我们之间不谈代沟，只谈爱。"

……

各个年龄层的男人都有倔强顽固的，他们的人生总是充满自信，自信到从不会与时代脱轨。这种顽固他们理解成专一。

男人当然是世上最专一的动物，在他二十岁时喜欢二十岁的姑娘，在他三十岁时还喜欢二十岁的姑娘，在他五十岁时仍喜欢二十岁的姑娘……在他八十岁的时候，还是喜欢二十岁的姑娘！

在男人的人生字典里，当然不会有"代沟"这个词，只有"专一"。

女人也开始不服气，凭什么我不能找个小鲜肉，看看人家王菲、谢霆锋。

自信的女人当然也不会有代沟，她们只需永远做个漂亮的冻龄美女，举手投足流露出高中女生的特质，只这一点便万事大吉。

在韩剧故事中，千颂伊有句名言："漂亮就行。"

只要漂亮，机会自然会眷顾你，即使遇挫，也会有各种翻身的可能。

在女人的人生字典里，"漂亮"早已把"代沟"取代。

越难猜，越特别

门当户对，珠联璧合

看到百岁老人杨绛写给年轻人的十二句话，有一句提到："男女结合最最重要的是感情，双方互相理解的程度。理解深才能互相欣赏、吸引、支持和鼓励，两情相悦。门当户对及其他并不重要。"

无法考证此话是否真的出自杨绛，由她来反对"门当户对"总觉得是有人加了演绎。要知道杨绛与钱钟书的爱情还真的是天造地设的"门当户对"。

杨绛初识钱钟书是在清华大学的古月堂门口，两人一见钟情，杨绛形容他"蔚然而深秀"，钱钟书更被她"颉眼容光忆见初，蔷薇新瓣浸醍醐"的清新脱俗吸引。

杨绛出生在无锡一个书香门第，清逸温婉，知书达理，家境殷实。钱钟书更不必说，他的父亲钱基博与杨绛的父亲杨荫杭都是无锡本地的名士。而且，早在杨绛八岁那年就曾随父母去过钱钟书家做客，这段缘分好似早已命中注定。两人的结合才可谓是真正的"门当户对，珠联璧合"。

巧的是二人又有如此深厚的文学功底，婚后二人赌书消得泼茶香，比谁读的书多，比谁写得书好，琴瑟和弦，鸾凤和鸣，相濡以沫，羡煞旁人。胡河清曾赞叹："钱钟书、杨绛伉俪，可说是当代文学中的一双名剑，钱钟书如英气流动之雄剑，常常出匣自鸣；杨绛则如青光含藏之雌剑，大智若愚，不显刀刃。"这样一对璧人，你能说不是"门当户对，珠联璧合"的一对？

旷世奇缘总是离普通人太过遥远，凡尘男女，得过且过，难道还要攀比"门当户对"？

小婉三十出头，硕士学历，家境优越，挑来挑去挑花了眼，也沦落成剩女。父母催婚紧，朋友给她介绍了一位体育老师。男人长得一表人才，个子近一米九，颇令小婉心动。可接触下来，小婉才了解到，男人并无学历，从小农村长大，体校毕业后来北京打工，北漂多年后，托人介绍进了一所小学当体育老师。结婚七年离异，刚离婚便相亲遇到了小婉。接触的机会越多，小婉的失望也越多。两人除了聊聊关于体育方面的事，其他并无交集，共同话题少得可怜。相处一个月后，两人渐行渐远，无疾而终。

回望这段关系，小婉客观地说，男人并不坏，外形也帅气，只是内涵的东西少些，总不能像其他热恋情侣那样相谈甚欢，情投意合。身边的闺密一语道破："其实就是门不当，户不对。"

小婉从小优越，倒不会计较门当户对的事，可真正交往才发现，若两人的条件不对等，如何才能有后面的朝思暮想、琴瑟和弦？

小婉曾暗示对方应该再去上个学，拿个学位。可男人从小就没正经上过学，现在都三十多了，怎么从头再来？

这段感情最终还是止步不前，学历、背景、家庭、兴趣、爱好……各种的不对等难免成了感情的绊脚石。"门不当，户不对"的情侣又该如何爱下去？

朋友说潘石屹和张欣的婚姻就是"门不当，户不对"，他们一个"海龟"一个"土鳖"，照样将婚姻生活过得有声有色。

可是张欣遇到潘石屹时，他就已经是功成名就的企业家了，金钱、地位、名利一样不缺，而张欣远没有他的名气大，这样的结合怎么会是"门不当，户不对"？只能说他们出身背景有差异，而相识时，这种差异已小到微乎其微了。

"门不当，户不对"说的就是当下男女之间爱情的不对等，并非是在纠结出身。出身的不对等并不证明他们后来的成败。

不可否认，外在、内在的不匹配总会造成爱情的不对等，这种不对等、不平等的关系或多或少会影响男女之间的关系。尤其是内在的东西，经不起时间的消磨。没有精神沟通和谈资，再帅气迷人的外表都会是过眼云烟。外表这个东西，只会在初初相识时令你好感。时间稍久，脆弱的外表就不堪一击了。

门不当，户不对，分手只是迟早的问题。

迟或早只是两人之间不对等的差别级数。级数越高，分开只会更快一些。

传说一见钟情的概率为十万分之一，而恰恰彼此能一见钟情的大多背景、身份相似。你很难想象一个白领爱上一个乞丐，除非那个乞丐是帅哥扮的。

小婉说："我终归还是个现实的人，可能下次再相亲，一定会选一个门当户对的。"

也许人变得现实之后，才开始对"门当户对"耿耿于怀。那些活在浪漫里等待邂逅的痴情男女，哪还有工夫研究门当户对的道理，先爱了再说也好过没人可爱。

爱情的现实主义和婚姻的现实主义总是两派，爱情哪需要什么"门当户对"，只争朝夕，醉生梦死才算轰轰烈烈爱一场；婚姻却是且行且珍惜的，没有"门当户对"的基础，何来鸾凤和鸣，相濡以沫？

在爱情面前，什么门什么户，天马行空，怎么撒野都不为过；在婚姻面前，门不当户不对时，也许就这么莫名其妙地败下阵来。

还有下一次吗？

女友约丽丽参加她儿子的毕业演出。

这个当然要去捧场。两人顺便一起吃个晚饭，七点正好演出开始。

这个计划定好，女友便说："那就去我喜欢的一家餐馆吧。我今晚想吃中餐，我可不想随便吃个快餐。"

丽丽当然没有异议。

等到了饭店，丽丽才知这是一家高档餐厅。女友开始点菜，"我只想吃野生黄鱼，咱们定一条吧。别的菜我都不想吃，我就是冲这道菜来的。"

话已至此，丽丽当然得点。

"再点个高汤吧，没有汤我是吃不下饭的。现在这个饭店搞活动，点够了多少钱可以返券，咱们再多点些吧。"

这个饭局设计得有些令人不舒服，好似看演出是次要的，吃这个饭才是今天的重中之重。当然还有一点：丽丽买单。

一顿饭，两人吃了几百，真的不算多。但是如果是提前设计好的，请客的人也不会自在。

之后，女友再约，丽丽便躲了。这样的饭局，不是她非要参加的。

女友换了新工作，正好离萌萌家很近。

越难猜，越特别

中午，女友过来一起吃饭，聊聊近况。萌萌的妈妈做了一桌子的菜，招待她。

几天后，女友又来了，说非常喜欢萌萌妈妈的手艺，非要来学习一下。

萌萌当然要接待。

过了一周，女友的电话又来了，还是要来吃饭。

爱做饭的妈妈终于是招架不住了，"她为什么总要来吃饭？她中午没地方吃饭吗？"

女友只好说出实情："公司只给每人补贴十五元的午餐费，根本不够吃的。"

萌萌这才恍然大悟，只是她不明白，如果不给补贴午餐就不吃饭了吗？

"能省当然要省了，省下钱还得买房啊，我老公挣得也不多。"

女友的话够坦白，只是她的电话，萌萌再也不敢接了。

女友给楠楠介绍了一个高富帅，二人约在咖啡厅见面。

各自点了一杯咖啡后，两人闲聊起来。楠楠对高富帅印象颇好。

只是到了结账时，高富帅突然说："我今天忘带钱包了，这顿你来结吧。"

楠楠有些错愕。但人家是高富帅，可能真的是忘了带。

第二次两人见面时，约在了麦当劳。男人点了两杯冰饮。

楠楠正好赶上生理期，又不好意思说，一直拿着杯子。高富帅问他为啥不喝。

楠楠只好说不渴。

这次结账时，高富帅主动买了单，临了却说了一句话："你这杯不喝，我喝了吧，别浪费了。"接着是一饮而尽。

看得楠楠是目瞪口呆。

没想到高富帅里也有奇葩啊。

这样的约会，听上去总有些骇人。

约会也是有风险的，遇到刻意经营算计的约会，恐怕再傻的人也不会再上当吧。

那些自以为是的小聪明，一次两次尝到甜头，第三次也必会栽跟头。

算计别人，经营自己，无往不利的约会，你以为还会有下一次吗？

越难猜，越特别

中规中矩的男人

小 Y 可以说是我认识的最中规中矩的男人。

他每天梳着一成不变的三七分头发，短短的。身上永远是红格子衬衣，款式和格子的大小偶有变化，红色是永不变的主题。

一次我忍不住问他："你穿不腻吗？"

他摇摇头道："我就是喜欢，穿别的我会不自在。我就是喜欢红色。"

这才想起他的车、包，甚至球鞋都是红色的。想必家里的沙发一定也是火红色吧。

"红色多有生命力啊，穿上红色整个人都精神了。"

所以他送老婆的生日礼物必要与红色沾边，我知道的就有红色耳环、红色裙子、红色包包。

这是一个执着的男人。

他停车一定要找到正规停车位，如果找不到画线的停车位，他会抓狂地在整条街上来回寻找。实在找不到，他便开到写字楼里，停地下车库一定是最安全的。只是可能会走好远的路来取车。

一次他与朋友喝茶，一直找不到附近的停车位，已在三环上掉了好几个头了，最后朋友也疯掉了，直接走人了。

当然错的不是他，他守规矩惯了，叫他随便停车等于叫他犯罪。

在外面规矩，在家里更不必说。对老婆、孩子体贴入微，从不做出格的事。

老婆不想工作，他便撑起整个家，叫她安心做家庭主妇。老婆想出国，他立刻着手办移民。用了两年时间，终于将老婆、孩子办到了澳大利亚，自己则在北京继续挣钱打拼。

问他辛苦吗？

他总是挠挠头笑笑："出国好啊，国外房子便宜，我一个人工资可以养活他们，比在北京生活还便宜。"

可是毕竟要两地分居。

"没办法，中国人在国外很难找到像样的工作，尤其像我们这种移民过去的。还不如我在这边挣钱。反正每天微信联系，倒也还好。"

一年后再见到小Y，他仍是红格子衬衣，头发仍一丝不苟。只是神色黯淡，红色也没让他精神起来。细问才知道，他在闹离婚。

怎么会这样？

"两人其实一直有矛盾，所以我才选择留在北京，分开一段时间也好，双方都冷静一下。只是孩子太可怜了，我不想影响孩子。"

真的决心离婚？

他又摇摇头道："应该不会轻易离吧，她在那儿也没工作，孩子上学也全靠我每月寄生活费。这种情况我是不可能离婚的。"

是个合格的老公，我不由赞叹。

几日后，又一次在街头偶遇。只是这次我没有叫他。

那辆红色的车里我看到了一个女子，他们谈天说地，很开心的样子。这时过去打招呼难免扫兴。

一会儿，小Y从车里下来，对女子说："你等我会儿，我先去找停车位。你先进去吧，我可能需要停一会儿。"

还是那个守规矩的男人，只是不知这次他会否做件出格的事？

中规中矩的男人应该不会轻易离婚吧，只是他的身边可以有女子。我看她戴了一对火红的耳环，红得不可一世，又悄悄地被长发掩饰住。

■ 越难猜，越特别

女子在大厦门口等着他，面上稍有不安。好一会儿，才看到小 Y 焦急地走过来。还是那件熟悉的红格子衬衣，只是脸上的表情却是如此陌生。

也许你还年轻

　　一天深夜，小薇突然收到以前相亲对象 C 发来的一条短信，看后，她几乎要吐血倒地。通篇全是骂人的咒语，除了"婊子""去死"就是"×你妈"。此人已几年未联络，今天却无缘无故收到这样一条令人发指的辱骂短信，她气不过，立即将电话打过去，对方关机。第二天再打，仍关机。因此事涉及人身攻击，小薇决定要查个清楚。

　　之后她将短信转发给了当时他俩的介绍人，说明情况。介绍人也是一头雾水，他觉得 C 即使素质再低，也骂不出这样恶毒的话，况且当时两人没成，也是 C 过于挑剔，也不至于怀恨至今。介绍人联系上 C 之后，才了解到，此事竟是其女友所为。两人正热恋，经常吵架，这次闹到分手，女友一气之下，将他通讯录里所有女性名字的人都发了类似的侮辱短信，目的就是解气，让 C 背上骂名。

　　这个真相听得小薇有些目瞪口呆，如果此事真是他女友干的，这个女人得多歹毒粗俗。况且这么脏的话，怎会出自一个女人之口？要知道这个女友才二十三岁，刚刚大学毕业，比 C 整整小了十五岁。

　　小薇要求这个女人道歉，不然她不会相信这个离奇版本。如果 C 只是找了一个女人扮演这个角色，谎言一定会戳穿。C 犹豫一番之后，两天后竟真的带着女友来道歉了。

　　小薇见到这个女友后，真有些大跌眼镜。此女一米七的身高，一副模特身材,巴掌小脸,五官精致,粗眉薄唇,大眼睛忽闪忽闪,楚楚可怜。她化着浓妆,但仍掩饰不住她刚刚二十出头的青春气息。这样一个美人竟是发"×你妈"的泼妇?小薇看呆过去,C则傻傻立一旁,表情尴尬。

小薇单独跟这个美人展开了对话,此刻她仍不相信此事是她所为。

女孩微颤着看着小薇,眼神紧张又害怕。

"姐,我今天是来向你道歉的,那些短信真的是我发的,我跟他吵架了,我怀疑他有别的女人,我就把他手机偷走了。我一晚上没睡,给他通讯录里所有的女的都发了……"边说边掉下了眼泪。

这眼泪一来,剧情就不像编的了,小薇将信将疑地问:"你这么做,对你有什么好处?"

"我知道我错了,我就是控制不住自己。你看我的胳膊上都是青的,就是我跟他打架打的。我也把他脸抓伤了。我知道我有点无理取闹,可他对我太冷淡了,我们交往了一年,前半年非常好,后半年他就开始对我冷淡了,他肯定有别的女人了。他比我大那么多,他就应该让着我,我那么爱他,他为什么对我这样……"

泪又加剧。弄得小薇倒不好意思质问她了。

"姐,我是做错了,我连最后的底线都不顾了,我现在特后悔,我知道他也不会原谅我……姐,我该怎么办?你能不能帮帮我,帮我说说,我还想跟他复合,我不想分手……我知道以前你们俩交往过,你比我了解他,你能不能教教我,怎么才能让他爱我……"

小薇更不知所措了,最后只得反过来安慰她:"你们谈恋爱,再吵架也不能动手,也不能偷手机骂别人啊,这是做人的底线,你这样做连后路都断了。我会帮你跟C谈谈,但你以后也得改啊。"

"姐,我肯定改,我这次是最后一次了。我们东北人就是爱打架,我妈也鼓励我打他,说男人打一顿就好了。在家,我妈也老打我爸。

而且我最早那个前男友也打我，也骂我。那些骂人的话都是我跟他学的。你看我的样子好像骂不出来这些脏话，我也挺看不起我自己的，我现在特后悔……"

哭哭啼啼俩钟头，小薇快成了心灵导师，苦口婆心地劝这个姑娘。最后C领着这姑娘回家，一场闹剧才算收场。

问C接下来打算怎么办。

C皱着眉头说："我以为找个年纪小的好把握，没想到更难搞，弄得我脸上经常都是花的。这次，我真的下决心分手了！我现在是害怕啊，这还没结婚呢，这要结了婚，还不知干出什么事来呢！"

小薇问他："可这姑娘本质还不坏，又这么爱你，又这么漂亮，你舍得分吗？"

C犹豫不决的表情又来了，"是啊，她其实本性挺善良，也挺单纯的。好的时候非常好，吵架的时候又快要了你的命，我也是下不了决心啊……"

C说出了男人的心声，也暴露了男人的软肋。

貌美如花谁愿弃？

介绍人却劝他："这姑娘再美都不能要了，她干出这种事，已超出道德底线了！"

之后的故事小薇没再关心了。

若C最后选择这个姑娘，结果可想而知，可能经常会往医院串个门；若C就此与这个姑娘分手，结果必定也是一场大战，多半是两败俱伤……

想到这里，小薇不禁感叹，男人的眼光决定他生活的品质。

一个男人只懂得研究女人的外表，也是要吃苦头的。

内在的品性不去探究，只图外在的虚荣，就算吃了苦头，也难让人同情。

可怜之人必有可恨之处。只是这个恨，已被美貌击得粉碎，早已自我沦陷,不明就里了。

想起那姑娘最后说的话:"姐,我还把他微信密码破了,把他微信里面的女人都骂了一圈。我还把我自己的照片发到他朋友圈里,告诉他们,我才是他正牌女友……姐,我这么做错了吗?"

小薇有些无语,只说了一句:"也许你还年轻。"

女人是蜈蚣

有一天小蜈蚣对妈妈说了一句话,妈妈听完就晕过去了。

她说:"妈妈,我要买鞋。"

许多女人都是那只小蜈蚣。她们对于买鞋的欲望,一燃再燃,难以自控。

"亲爱的,我要买鞋。"

男人一听完这句话也晕过去了。他们知道女人虽然只有一双脚,却比小蜈蚣更爱美。

冬天要靴子,夏天要凉鞋,春天要平跟,秋天要高跟;上个月要尖头,下个月要圆头;上周流行厚底,下周要矮跟;上一季是牛皮,下一季是漆皮……

女人对鞋的需求永无止境。

穿鞋是女人最讲究的。衣服只要 SIZE 合适,大体都能穿好。可同一尺码的鞋,你穿上就未必合适。有的鞋试穿时还蛮好,穿了几天你的脚就肿起来,甚至还起了水泡,痛苦不堪。

衣服不合适可以改,可鞋不合脚,你就只能扔掉了。所以鞋越扔越买,越买就越多。

最令人头痛的是,你可以买不计其数的鞋,却没有足够的地方放你的鞋柜。

你的衣服已占去男人大半个衣橱了，你还要无理地提出买一个更大的鞋柜，男人恨不得把你的鞋全部扔掉，他一年到头就只有那两双鞋。

男人永远无法明白女人为什么要同时拥有那么多鞋。

就像女人永远无法明白男人为什么要同时拥有那么多女人。

女人觉得，鞋是用来搭配衣服的，再好看的衣服，若没有配衬的鞋，都是败笔。

男人觉得，女人是用来配衬男人的，再优秀的男人，身边若没有匹配的优秀女人，那也是遗憾。

男人会为了一双鞋，跟女人翻来覆去地吵。

女人会为了另一个女人，跟男人拼命。

某年某月的一天，战火终于熄灭了——

女人发现，她的脚除了平跟鞋什么也穿不了了。

男人发现，他身边除了这个女人之外，再没有别的女人愿意陪他睡了……

有一天，当小蜈蚣变成了妈妈，她依然会听到孩子说：

"妈妈，我要买鞋……"

永远不会有答案

女人说自己的另一半时总是两种极端：

一种是永远的数落——我们家那位天天什么也不干，大爷似的，一点儿生活情趣都没有；我老公死要面子，人家找他借钱他就借，打肿脸充胖子；我老公跟我都没话，早没激情了；我老公工作狂，天天加班，烦死了……

一种是永远的赞美——我们家老公学识特渊博，各方面都比我强；我老公长得特帅，在我眼里，没人比得上他；我们家那位特勤快，家里收拾得干干净净；我老公特有才，唱歌也唱得特好，写文章也棒，绝对全才……

在那种永远的数落面前，你总会替那个老公难过，原来在她眼中，当老公的是如此不堪；在那种永远的赞美面前，你也有些捉摸不定，她说的是自己老公吗？

抛去这两种极端，最真实的状态，应该是一半赞美，一半数落。该赞美的时候当然要赞美，男人要面子，女人自应给他这个面子。该数落的时候当然也要数落，女人对自己的男人是有期望的，不满意的时候数落一下，也是为他好。

最怕的就是一个永远在数落，一个永远在赞美。

永远在数落的，无疑是个怨妇，在她眼中，老公一无是处，爱意早在每天的挑三拣四中灰飞烟灭了。遇到脾气暴躁的男人，忍无可忍，便恶言相向，结果自不必说。有种女人喜欢把数落当成一种谦虚和反语，好似在别人面前贬低自己的男人是种低调的美德。这种美德不要也罢，习惯成自然，反而弄巧成拙。

永远在赞美的，把自己的老公往死里夸，送出多少赞美，也要收获多少羡慕。这样的心机婊每天处心积虑地秀恩爱，那份虚荣心令人生畏。

女人感性又小性，提到自己的另一半时，大多变得不淡定。或多或少都要加油添醋一番。不带情绪地说自己的老公，那只能是分手后再做回朋友时的作秀。

要想从一个女人嘴里了解她的另一半，你永远不会有答案。

宁做凤尾，不当鸡头

K被一家公司高薪聘请做部门主管，J与她年龄相仿，主动示好，二人很快便成了公司里的闺密。

一年后公司人事变动，J被提升为部门主管，而K却被调换到一个新部门，虽说薪水没有降，可主管的职位却没有了。

这个调动之后，J便与K疏远了，甚至迎面碰到都低头避而不见了……

S和P在公司都受到排挤，一直不得志，二人经常坐在一起倒苦水，时间久了，倒成了莫逆之交。S遇到难事总会第一时间找到P，二人像一对难兄难弟，彼此照应，倒也其乐融融。

半年后，公司突然空降了新的总经理。他上任没多久，便将P提拔成了销售部经理。

这之后的故事并不离奇，P再也不在S面前大倒苦水了，S遇到难事再找到P时，他已经在躲了。一对难兄难弟也渐行渐远了……

原来有些人是因为职位才与你成为兄弟和闺密的，你的身份决定她/他与你的亲疏。

职场就是这么现实，同甘共苦的两个人一定不可能是同事。

两个人平起平坐时可以走得近些，一旦一个人被提拔了，他的心理便起了微妙变化。在职场，站好队一定比交朋友更重要。

看透了职场的无情，一些事情就比较好理解了。对方也是有苦衷的，跟你走得太近，怎么融入那个他向往已久的圈子？

那么，你们在没有渐行渐远的时候，记得管住嘴。

说了太多不该说的秘密，一旦势不两立时，曾经的秘密立刻成了话柄。

有人深谙职场之道，左右逢源，无往不利。反而回归家庭，却经营得一塌糊涂。

家庭之道更高了一个层次，职场可以浑水摸鱼、虚情假意，仍不影响大局，只要你交出业绩。家庭却不然，感情稍一掺假，两人便现出原形，再也无法同床共枕。

所以，总有事业风生水起的大老板，家庭婚姻却一败涂地。

而一些细水长流、不动声色的模范夫妻在公司却不起眼，没人记得他们的存在。

生活就是这么公平，得到一些，失去一些，不好也不坏，喜忧参半。

再回到职场的话题，就用俞敏洪的话作为结尾：

"你宁可跟一群优秀的人打交道，你是最后一名，向他们去学习，不管怎么被他们挤压，都不能在一群没有出息的人中间你变成了第一名。"

一场游戏一场梦

　　D 经常谈起他曾经的男朋友。每次碰面都要提及这个人。

　　提到他们如何相爱，男人如何对她好，甚至他们做爱的细节，D 都大方畅谈。

　　所有听故事的人都以为她仍在恋爱中，其实他们已分手多年。

　　多年前的一段感情，女人仍能津津乐道，必有它令人难忘之处。

　　可这么难得的一段情，男人又为何要放弃呢？

　　故事的男主人却道出了惊人一语："我与 D 从未谈过恋爱，又哪来的分手？我看她是精神有问题吧。"

　　一个女人为爱死去活来，一个男人却从未承认与她有过爱。同一段感情竟谈出了两种最极端的感受。这真是爱情的最奇妙之处。

　　既然从未有过爱，又从何而来的床笫之欢？

　　男人承认与 D 上过床，但那只是可怜她，满足她的性欲而已。

　　头一次听说男人上床是为了满足女人，这个男人还真有些舍身取义的意思。

　　从 D 的版本中得知，此男性爱技巧高超，令 D 念念不忘。

　　原来女人也可以因性而爱。

　　一对成年男女，有过几次床笫之欢，女人因此爱上了男人。男人却把性与爱分得很开，与她做爱并不代表爱上她，所以男人坦承从未与她恋爱过。这便是情爱里的色与戒。

一男一女玩一场性爱游戏，男人潇洒，玩完游戏抽身而退；女人则玩不起，既败给性又败给爱！

性爱游戏并不是人人都可以玩的。

玩不好，你成了爱情中的祥林嫂；玩好了，你也别得意，因为只要是游戏，你就有输的一天。

如果爱，请深爱

某影坛才女在接受访谈时曾说，自己的父亲在年少时很严厉，每天逼着自己练毛笔字，练得手指都变形了。小时候非常害怕自己的父亲。

长大后，那个怕父亲的小女孩儿成了大明星，可回忆童年时仍是战战兢兢。

小时候，女孩子都会以自己的父亲为标准找自己未来的另一半。父亲是女儿遇到的第一位男性，这个重要的位置，父亲的举手投足都对女儿具有权威性的影响，正如那句老话所说："女儿长大，嫁夫如父。"

可是，如果恰好你的父亲是个不苟言笑的冷面严父，甚至粗暴武力，你还会以父为标准吗？

影坛才女说："小时候我就想，找男朋友一定不找我爸这样的。"

童年的阴影是会一直持续到长大成人的。

父亲对女儿的婚姻起着至关重要的作用，甚至会影响她的一生。

有父爱的女儿，总会比较幸福一些，婚姻也往往会比较顺利。因为父亲就是男人的标杆，以这个标准，很快就能衡量出自己的真命天子。

相反，从小没有父亲的宠爱，只有严厉的管教，甚至打骂，对理想男人的标准一下子便失去了。自己究竟要找一个什么样的男人？这个命题变得模糊了，只知道至少不能是父亲这样的。从此，对男人开始变得挑剔了。不是以父亲作为标准，而是以父亲作为反面的底线，问题不言而喻。

影坛才女曾自嘲是不想结婚的怪胎,对婚姻和孩子都没有特别的感觉。

"我并不觉得人一定要结婚。因为婚姻过去说就是个保障,我觉得我的人生不需要这样的保障,而且我也不觉得一定要有个形式才能怎么样。难道为了证明相爱就结婚?谁规定人生一定要有婚姻才圆满?"

"生孩子责任挺大的,我不确定能负那个责任。"

所以她至今未婚。

如果时间倒回到童年,父亲换掉咄咄逼人的严厉面具,那么咱们的影坛才女还会是这样的婚姻观吗?

美国德学研究专家认为,一个好父亲在女儿的自尊感、身份感及温和的个性形成的过程中,扮演重要角色。

加拿大安大略省圣杰洛大学对二十岁到二十四岁的女学生进行了调查,发现父亲对女儿的感情、性心理与社会发展有很大影响。女性是否能够坦然面对自己的性别,与她们感觉父亲是否予以肯定的支持大有关系。如果父亲让女儿感到威胁、疏远、不关心,会使女儿失去安全感,也会影响女儿的人格发展。少女时期获得父亲关怀与支持的女性,会有较好的感情与性心理发展,成人后处理与异性亲密关系的能力也较强。

大约有65%的女儿会按父亲的模式选择另一半,父亲就是她们心中的好丈夫标准;

有15%的女儿会选择和父亲截然相反的类型,她们对自己的父亲大失所望;

43%的女儿从父亲那里继承了艺术天赋;

25%的女儿成年后认为自己的品位源自父亲;

53%的女儿认为从父亲那里获得了更丰富的知识,尤其是历史、自然科学、国际关系等女孩子通常不感兴趣的学科。

国外遗传学专家还指出，女儿的容貌通常多源自父亲，尤其是眉毛。父亲有什么样的眉毛通常会毫无保留地传给女儿。

父爱如山，父亲对女儿的影响非同小可。有什么样的父亲，通常就会有什么样的女儿。

如果你有一个女儿，做父亲的请深爱她。

最可悲的人生

有些人总忍不住要说三道四。

比如他看到一对学生情侣牵手而过，便要说："小小年纪不学好，父母欠管教。"

比如她看到同事新剪的发型，便要说："你这发型太难看了，我实在受不了了。"

比如他看到朋友晒美照，便要说："真难看，嘚瑟什么。"

比如她看到女友的新裙子，便要说："这颜色太不适合你了，穿着特不显档次。"

……

他明知道这些话不是好话，她也明知道这些话人家不爱听，可他/她就是要说。

不说，闷在肚子里多难受；说出来，这一天都痛快。

嘴上不积德的人还不在少数。

大部分人是有这个心理的，反正我说了你也不能把我怎么样，我又不是骂你，跟你关系好我才说这样的话。说这些话那是为你们好。

管不住自己的嘴，却还要理直气壮，这个快活嘴皮子的通病还真不好治。

谁都知道，说别人的时候是有快感的，正所谓不吐不快。我管你爱不爱听，反正我就爱说。

耍赖也好，强词夺理也好，反正我总有我的理由。而且，说陌生人可能会挨打，还不如杀熟。

拿朋友开涮，才最安全，又最好笑。

遇到这样喜欢说三道四的损友，我是要还击的。

还击一次，让他们知道，你并不接受这样的说三道四，或许他们也就自讨没趣收手了。

只是没想到的是，隔了一段时间后，他们又会忘记你曾经还击过，又开始没完没了地杀熟。

杀熟也得有个度。没完没了地说三道四，也只好避之躲之了。

原来他们已经习惯了这种说三道四的生活，没有了调侃的对象，日子总会有些无聊。

一边调侃一边还要替自己正名：我又没有恶意，开个玩笑也开不起啊。

许多关系就是在这种玩笑里结束的。

时间久了，这样说三道四的人到处跑来跑去，身上充满了负面垃圾，谁遇到他们都要沾一身恶臭。

避开垃圾人，不是换一种心情，而是换一种人生。

被垃圾人毁掉的人生才是最可悲的人生。

爱情概率

有一组有趣的概率数字：

在茫茫人海，人一生会遇到约 2920 万人，相识的概率是：0.0000005，相知的概率是：0.000000003，相爱的概率是：0.000049；

一个男人喜欢上一个女人并鼓起勇气约会她的概率是：1/2000；

一个女人和男人约会四次后，喜欢上他的概率是：1/4；

一个男人坚持与同一个女人约会四次的概率是：1/2；

相爱的两个人最后结婚的概率是：1/3；

中国目前的离婚率约为 1/20；

两个人从相爱到白头偕老的概率是：19/960000。

感情的事拿数字来量化后，不免有些心惊肉跳。原来白头偕老并不是一件可以随时随地的事，19/960000——这样的概率，只能当成美好的一个愿望，憧憬一下便好了。你怎么敢肯定自己就是那 19 之一呢？

能碰到一个爱你的人，你恰好也爱的人，从相爱到生活在一起，再到共同抚养一个孩子，随着孩子的成长，忍受彼此容貌的褪色，还要扛得住生活的压力和琐碎……最后还依然肩并肩、手牵手地走在一起。这是多难得的一种体验，其中暗藏着多少坚持和隐忍。"相伴"这样一个普通的词汇又要付出多大的代价。

不免开始感慨父辈们的婚姻。那一代人，不管遭遇怎样的人生变故，始终相伴的都是那个相濡以沫的灵魂伴侣。他们没有华丽的人生，只有朴素的情感。随着时间流逝却永不褪色的坚守和执着，那样的相伴，才是人生最宝贵的财富。

情感的现实概率让人泄气，那一组组冰冷的数据宣布爱情的幻灭。幸好还有父辈的爱情像书签一样标记在你的人生故事里。

当你对爱情提不起一点斗志时，想想他们互相搀扶着步履蹒跚地向你走来的那一刻，仿佛爱情的气息正在向你袭来，那颗彷徨失落的心暗自鼓舞道："爱情终究会回来，只要你守住那颗相濡以沫的心。"

相亲之后……

相亲之后,每个人的处理方式大不同。

有人会直接跟对方追问:"你觉得我行吗?还想继续交往吗?"

这样的态度其实是说:我对你无所谓,你要是同意,我就跟你交往看看,你要是不回应,我也懒得理你。

有人会发些赞美之辞,譬如:"认识你很高兴,你今天的裙子很好看,你这包包也好看……"

这是表明:他对你有点一见钟情的意思,想试探你对他的态度。

有人在相亲之后会马上从通讯录里把你删掉,一句话也没有。

这更不必说,他没看上你。

还有人不会拐弯抹角,而是直接发出邀约:"明天想请你看个电影,有兴趣吗?"

这当然是一种肯定,他想跟你继续交往。

当然还有一种人,相亲之后什么也不说,什么也不做。既不再联系,也并未把你删掉。

通常这样的人都有备胎,既不想很快跟你表明态度,但又不想马上把你 PASS 掉。万一现在的女友分手了,你可以马上作为备选,他也可以不必太费周章……

那么面对五花八门的态度,你如何回复?

直接问你还想继续交往吗？如果你迟迟不回复，或者回复得模棱两可，对方会毫不迟疑地将你删去。因为他本来对你也就那么回事，你的态度会让他马上做出决定。但如果你回复很想跟他继续交往，之后的约会也会变成一种条件交换，或者礼尚往来，因为你对他本来就不是那么重要。通常能问出这种话的人，都是在情场里摸爬滚打多年，他们可不想在一个人身上多浪费一分钟的时间。

对你一见钟情的，当然是最好的相亲结果。但如果你并未中意，那也只能遗憾收场了。

一句废话不说就把你直接删掉的人，倒也省事了。不用再费任何脑细胞，他已替你做出决定。

相亲之后，遇到那种直接向你邀约的人，通常都比较自信。但如果你拒绝，下场则不会太好看了。可能一转眼脏话就骂出来了。我都看上你了，你凭什么看不上我，我哪点差?! 这类人自负气胜，你辜负了他，他会马上翻脸。如果你遇到的这个人，在被你拒绝之后仍能风度翩翩地说："没关系，咱们可以做朋友，如果有好的人选，我还可以帮你引荐。"如果是这样大度的人，你倒是不妨跟他做朋友，或许做了朋友之后你会有意想不到的收获，最终发展成老公也是顺理成章的事。

最讨厌的恐怕就是把你当备胎的人。他加了你微信，却从不联系你，或者碍于介绍人的面子，没看上你也不好意思删你。弄得你很是抓狂，忍不住又跟他联系。可是，他不会回你，因为你只是个备胎，甚至是备胎的备胎的备胎。这样的人，其实你是可以果断删掉的。想你的人，自然会找你；不想你的人，又何必去打扰？

相亲是一种态度——他对你的态度，你对他的态度。处理得好，水到渠成，一拍即合，缘分即来；处理得不好，恶言相向，伤肝伤肺，白忙一场。

相亲之后，不管对方是不是你的菜，自尊与风度同样重要。

如果仅是因为言词不当，错失一场姻缘，得不偿失。

■ 越难猜，越特别

　　爱，是一个人的事；相爱，却是两个人的事。两个人从陌生到相爱，最不能缺少的就是良性互动。

　　在相亲的路上屡战屡败、屡败屡战之后，你总有一些经验可以总结的。

狠下心来说"NO"

燕子打电话来说失业了，听着她的抱怨，做闺密的总要伸出援手，你开始比她还要急地帮她找工作。

很快，托朋友联系到一个文秘的工作，赶紧通知燕子。

因为是朋友关系，当然省去了面试笔试，直接上任。

一周后，燕子打电话来，没想到她抱怨新工作并不如意。

"那个老板很难伺候，经常得让我写PPT，我最烦弄那个东西，要不你帮我弄一下？"

燕子的这个请求有些让人抓狂。

可燕子却说："这个工作是你介绍的啊，你跟老板也认识，你应该知道他要的PPT是什么感觉的，你就顺手帮我弄一个吧，帮人帮到底吧。"

这个忙还真不好帮。如果介绍了工作，还得帮忙完成工作，那是否有些费力不讨好？

这个请求当然要婉拒。

有些忙真的是不能帮，即使她是你的闺密。

因为是朋友，所以觉得帮忙这件事是理所当然，又因为熟悉，自不必言谢。当然你也不能指望帮上忙之后还要追着感恩。这样帮上几次之后，便开始需索无度了。

几个月后燕子辞去了那份文秘的工作，又将电话打了过来。抱怨那个老板如何苛刻之后，便又抛出新要求："你再帮我找找别的工作吧。"

本来你是一直有恻隐之心的，可她就是这么不争气，不肯上进又让人担忧。你越帮，她的依赖性就越大，反而处境会越来越遭，帮不好还得赖到你身上。重复帮一个人太多次，只会适得其反，不如狠下心来说"NO"。

朋友间，关系再近有些忙是绝不能帮的。

逞强的忙不能帮；借车借钱的忙不能帮，需委托第四个人才能帮上的忙不能帮，介绍朋友到自己或者别人公司上班的忙不能帮。

还有一些人生重大决定的忙不能帮，比如结婚、买房、出国等大事，关系再好也不能替对方决定。

相亲的忙要适度，不要过于干涉两人之间的感情。拼命撮合、拼命拆散都强人所难，不仅徒劳无功，反而会影响朋友间的关系。

燕子之后又打来几个求助电话，不是帮这儿就是帮那儿。狠下心没有帮到位之后，电话也就安静了。

也许这个朋友你是得罪了，但是一想到不用再为帮不上这个忙而沮丧的时候，心里还是轻松了一大块。

两厢情愿的事

当你遇到棘手的事情给朋友打电话求助——

A 说:"这事我大概听清楚了,我正忙,你过两天再打给我吧。"

B 说:"你先别急,我马上就赶过来,见面再商量,你冷静啊。"

A 和 B 都是你平时认为信得过的朋友,一个问题抛出,结果令人意外。

这两个朋友谁跟你贴心、谁更值得信赖,一目了然。

好事分享的时候,谁都来凑热闹;难事求助的时候,不是谁都愿意伸出援手的。

喜欢凑热闹的,未必是真关心你;关键时刻助你一臂之力的才是最值得交往的朋友。

还有一部分朋友是喜欢纸上谈兵的。

当你在朋友圈发个东西,一定齐齐给你点赞。等你真需要他们出面时,一个个都躲了。

朋友开始分为朋友圈的朋友和现实中的朋友。

朋友圈的朋友只负责点赞和评论,其他现实中的事就不要在这个圈子里提起了。

若还能有人跳出圈子给你打个电话,已是难能可贵了。

还有一类朋友,你们从不联络,几年也不会打个电话,甚至朋友圈里也从不点赞，他/她只是你通讯录里的一个名字。想删去，又不太好意思，毕竟你们认识；一直保留，又觉得多余，毕竟你们从不联系。

这些尴尬的朋友可有可无地霸占着通讯录，直到有一天，你愣愣地看着他们的名字，却就是想不起他们的样子。

终于还是狠下心来将他们从通讯录里删去，那时你才发现，有些人更早一步先将你删去了。

朋友就是这样此一时，彼一时。关系疏淡的时候，也不必演什么姐妹兄弟情深了。

有渐渐疏淡的朋友，也有最新熟络的朋友，你方唱罢我登场，不至于太冷清，又不至于太热闹，不咸不淡，不冷不热。

我喜欢这样的朋友：不管多久没有联系，当你遇到困难时，他/她总是挺身而出的那个。

朋友总是两厢情愿的事，没有以心换心，哪来的赴汤蹈火。

任何感情不去经营，都有落败的时候。

友情比爱情弥足珍贵的地方就是：当爱情失去时，友情还可以给你一个肩膀。

女人燃烧的小宇宙

恋爱中的女人总有个坏习惯：一旦跟他在一起，就要天天在一起。

一天电话没打来，心里便开始不安；两天没见面，立刻失魂落魄的，夜不能寐。

这个坏习惯总跟着爱恋一起来，戒都戒不掉。

男人开始还疼你，天天黏在一起也心甘。时间久了，再好色的男人也生厌了。——"你烦不烦啊，我这么忙哪儿有空陪你，别再给我打电话了，有空我会打给你。"

男人的不耐让女人如冷水兜头倾下。喜欢你才要天天和你在一起啊，这有什么错啊？女人不明白，又伤心又委屈。

确实这一点女人无错，只错在女人一旦爱上了，便要兴师动众地搭上全部。男人挤掉了朋友、工作、亲情……成为女人的全部。自己的小宇宙里只剩下这个男人了，当然要天天跟他在一起。

男人很少会犯这种愚蠢的错误，把女人永远会排在事业之后。

女人天天想跟这个男人在一起时，结婚是一剂良药。当男人忙到没空陪你时，只要选择穿上了婚姻的外衣，男人总是会陪你的。最怕的是此时的男人并不想走入婚姻，这个选择就是男女关系的一个伏笔，是要继续走下去，还是就此了断，就取决于这个选择。

女人总是喜欢在最爱这个男人时自燃，火烧火燎的深情把男人团团围住。男人却不喜欢自燃，引火烧身的事他们最不情愿。

女人拿着火把让男人跟她一起燃烧取暖，男人开始躲，越躲越远，惜命得很，生怕稍一闪失同为灰烬。

只有愿意跟你一起取暖的男人才会接过火把，还盼着火烧得越旺越好。两个人共同取暖，总好过一个人孤独凄冷。

愿意接火把的男人，才是女人可以托付的对象。怕玩火自焚的人爱自己超过爱你。

不愿意接火把，嫌你天天在一起烦的人，已经给了你他的选择。这时女人就该扔掉手中的火把，别再固执地玩传递火把的游戏了。

烟火燃烧时很美，没人分享时，再美都已失去了它的意义。

不爱那么多，只爱一点点

有首老歌这样唱道：

不爱那么多，只爱一点点，别人的爱情像海深，我的爱情浅。不爱那么多，只爱一点点，别人的爱情像天长，我的爱情短。不爱那么多，只爱一点点，别人眉来又眼去，我只偷看你一眼……

听起来，透着无限卑微，似乎真要低到尘埃里了。

女人一旦爱上一个不太爱你的男人，就是这般卑微。

90后的芳芳最近跟男友在闹分手，之所以是"闹"，是因为她不甘愿就这样分开。这个男人大她十年，成熟稳重，是她喜欢的类型，也是她感情最投入的一次。

两人交往一年，男人对她由热情转为冷淡。芳芳每次跟他争吵都是为他的冷淡。每次兴冲冲跑到他家里、跑到他公司，只为跟他见面，男人却总嫌烦地说没必要天天见面。他有他的工作，也有他的私生活，两个人谈恋爱也没必要无时不刻在一起。

芳芳却不能接受，谈恋爱就是要每天见面，每天在一起啊，不然怎么叫谈恋爱。男人觉得跟她有代沟，终于不耐烦地提出了分手。

芳芳百思不得其解，她到底做错了什么？她的全情投入、她的无微不至、她的问长问短……难道都错了吗？

女人二十几岁的时候，爱情大过天，任何事情都得给爱情让位。同样，她对男人的要求也莫过于此。

我付出百分百，你也要同步，若你稍有怠慢，女人便崩溃了。后患便来了——"为什么不理我？""为什么不回我短信？没流量，短信也不能回吗？""为什么周末要加班？为什么不能陪我？""为什么不关心我，我生病了都不闻不问吗？"……一连串的为什么一股脑儿地砸在男人身上，令他们招架不住。遇到不耐烦的，直接说分手了事。

本来就在崩溃中，突然被分手，女人更抓狂了，哭天抢地，想死的心都有了。自问到底做错什么了，为什么要这么对我？！女人的自尊心彻底被击垮了。

芳芳几次跟男友求情，求他再给她机会，只是眼泪仍换不回她想要的结果。

男人劝她冷静，近期也不要再联系，给他一些时间，让他再梳理一下自己的感情。芳芳等了一周已觉得度日如年，几次控制不住跟他联系，信息发出去就石沉大海。

周围的朋友劝她，别再上赶着了，分开一段时间也好。

可芳芳不听劝，她只是哭，觉得心里煎熬。她担心真的几个星期不联系就彻底断了。

"可不可以这几天不联系他，但一周后我想再找他聊一次，然后我再踏实地开始等。因为到现在我还没跟他谈清楚，我心里的想法他根本还不了解，直接不联系了他会不会误会我？会不会觉得我对他不够真心……我其实也不想这么耗着，我心情也很复杂。我怕我跟他今生再没这个缘分，他到底怎样才能原谅我？怎么才能重新接受我……"

脸上的妆都哭花了，可是男人会回心转意吗？

如果爱一个人要如此低声下气，这份爱还值得继续吗？

也许再过几年，等芳芳到了三十岁，再回看这段感情，她也许会嘲笑自己当时怎么那么傻，但现在的她，对爱情充满无限憧憬和期待的她，无论如何也不会那么快地走出来。

其实女人对爱情奋不顾身、没皮没脸的时候就那么几年，过去了，被男人伤透了之后，任她再遇到多优秀的男人，她都不会为男人夜夜以泪洗面了。就是那些曾经为心爱的男人奋不顾身、哭天抢地的日子，才是女人最可贵的，因为它真的只有那几年。

只是男人并不珍惜，对他们而言，那种不顾一切的奋不顾身只是一种负担。通常男人只有被女人甩过之后，他才会感慨年轻的时候有个傻丫头曾如此卑微执着地爱过他。

许多爱情是要等到时过境迁时，才能体会对方曾全心全意地付出过。而那时，除了落寞地笑笑，才恍然原来连那个女孩的名字都已忘记了。

也许男女之间最好的状态便是：不爱那么多，只爱一点点。

越难猜，越特别

过不了夜的渴望

女人爱逛街似乎是一个通病。

有时两个女子还未特熟络时一起逛街，逛到最后竟成了无话不说的密友。她们对逛街的狂热一下子拉近了彼此的距离，原来是同道中人，相见恨晚呢。

一次逛街，恨不能将口袋里的钱都花掉，那才痛快。原来平淡的心情，因这些大包小包的战利品顿时雀跃起来。因为把喜欢的都收入囊中，便涌出幸福的满足感。这种满足感只有购物才会有，所以女人对逛街总是乐此不疲。要知道满足感对一个各方面都普通的女人来说是多么的重要。

当然也有杀价不成也买不成的窘迫。这衣服确实有些小贵，不杀价实在没法买，一个月工资就那么多。最后只能铩羽而归，空留遗憾。这时才深感，若有个男人买单是多么雪中送炭的事！有些不甘心的，整晚睡觉都不好过，第二天还要再带足钱厚着脸皮非买下来不可。那种渴望是过不了夜的。

最怕的是费了好一番周折，最后买回来的衣服并不合适，这才是最泄气的事情。当时试穿的时候明明还是感觉不错的，怎么一回家再穿上身，感觉全不对了。左照右照都难看得要死，当时是昏了头了吗？

还真不是昏了头。有商家透露，他们是在镜子上做了文章。有一种能把人照苗条的镜子，再配上柔美的灯光，试穿的时候，当然会感觉超好。回到家，镜子失去了魔法，你还是那个身材普通的女人，闪亮的灯光也没有了，笼罩在衣服周围的光环一下子消失了。一切打回原形，最后只得气急败坏地把衣服往袋子里一塞，永远压到箱底了。

所以女人的衣橱里永远有从未穿过的衣服，还不止一件。扔了又可惜，送人又送不出去，就这么长年累月地放着。最后还是狠下心一扔了事。

失败的购物经历比比皆是，可是仍阻挡不了逛街的心情。偶然失手，在所难免，吸取教训，再接再厉。

男人对女人的这种狂热真有些无法理解。

衣服已经都堆不下了，衣橱里男人只有可怜巴巴的那一小块地方，其他的全被自己的女人占据了，总还是有些头痛。况且那些衣服即使一天换一件也穿不过来了，可是还要买！为此，已经抗议过好多次了，最后还是不欢而散。女人一生气，又去逛街了。

"你再气我，我还是要买，而且是更要买！"

男人气得直摇头。谁让他找了这样的女人，只好认命。

还有一类女人是男人喜欢的，她们天生就不爱逛街，一逛街就头疼。总是实在没衣服穿了再往商场去。

她们的性情和男人差不多，体味不到任何逛街的乐趣。

可是新问题就来了。不爱逛街的女人通常也是不爱打扮的。她们甚至连镜子也懒得多照。对她们来说，逛街是个苦差事，有衣服穿就行了，每天换一件多麻烦。

她们对逛街的热衷远不如吃。吃至少是实实在在地填在肚子里的，逛街能逛出什么，还不是扔一把钱，买的衣服再不合身，那才是痛不欲生呢。

男人便又开始嫌弃了。

"你能不能出去买买衣服，你看你那样子，跟个收破烂的似的，丢不丢人。"

女人一气之下拿着钱狂奔。到了商场乱买一通。因为太久没逛街了，都不知自己适合什么。最后胡买一气拿回家，还是遭一顿数落。

我是喜欢逛街的。买到漂亮又便宜的衣服，总有种成就感。对着镜子穿上新衣服的那一刻，总觉得有种新生的快乐。

女人是要对自己好一点儿，花钱就能买到的快乐，何乐而不为？

还好，我不太贪心，钱包瘪的时候，快乐也是件奢侈的事。

最尴尬的年纪

什么年纪最尴尬？

女人会觉得，三十几岁还没嫁出去最尴尬。

男人会觉得，年过四十还未有个一官半职最尴尬。

女人看重的当然是爱情和婚姻。能在最好的年华嫁出去，才是人生的赢家。

男人看重的当然是前途和职位。到了一定年纪连个处长经理都没混上，实在有些抬不起头来。

谁都是要面子的，女人的面子都在婚姻上，男人的面子都在职位上了。

出去聚会，总有人追着女人问："你孩子几岁了？你老公是做什么的？"

命好嫁出去的，当然要老公、孩子一起夸，这个炫耀的机会不可错过。

那么单身的，便也只好强颜欢笑地说："没结婚，不着急。"

接下来的看客则是长吁短叹一番："哎呀，条件这么好怎么还单身呢？"

那张尴尬的脸无处躲无处藏，是为尴尬的最高境界吧。

男人聚会，寒暄一阵则要问："你是在哪个单位高就啊？……是局级了吧?"

当有人答"副局"时,那个"副"字就已低人一等了。

这还不算,若你还只是个副处,脸都快没地方搁了。

男人也有没面子的时候,职位跟不上,就好比脸长得不错,输在了身高上。

年轻一点儿的朋友也有尴尬的时候,他们会说:我们到了一个略显尴尬的年纪——都不再那么年轻了,却没有足够的成长;都想依靠自己,却发现还差一点点;都想往前走,却发现前路漫漫,充满迷雾。

尴尬放在年轻人身上都是唯美的,比起嫁不掉和升不了,没有成长的尴尬不知要高贵多少。

到了别人正经历尴尬的年纪,你却志得意满,早早达标,这也算是一种成功吧。

从血脉偾张到俗不可耐

传说，著名美人萧蔷成名作是一出丝袜广告。萧蔷穿着肉色丝袜出镜，那双性感的美腿，迷倒一片看客，从此萧蔷一炮而红。

那肉色的丝袜功不可没，只是人们记住了肉色，却忽略了丝袜。

肉色，令饮食男女徒生暧昧；肉色再与女人扯上关系时，男人只会血脉偾张。

肉色，不浓不淡，看去似有还无，好不诱惑。

那是皮肤的颜色，人们迷恋的其实不是肉色，是肉身。肉色一出现，肉身立刻联想得到，男人血脉偾张也自有他的理由。

女人穿上肉色的裙子，像穿着自己的第二层皮肤，薄如蝉翼，性感之极。

若不是要赴一定终身的约会，女人也大可不必这般性感，赴约是件私事，非要搭上性感做赌注，恋爱便不再纯粹。

女人偶尔性感，令男人心旌荡漾，若只是卖弄感官刺激，便会俗不可耐。

女明星为了出位，过了青春期便要急急地挤出乳沟。二十几岁，便可以一丝不挂，全裸出镜了。搏眼球，拼人气，一脱成名总是捷径。

成名之后再做回良家女，如舒淇这般，也是条体面的成名路。

娱乐圈的女人把性感当赌注，趁着美貌三围俱佳时，好好赌一把。

丰乳肥臀，红唇微启，媚眼流盼，惹火造型……可怎么看，都似一张上不了台面的挂历，乍一看，血脉偾张；再看一眼，却只觉俗不可耐。

港星吴彦祖这样评价徐若瑄：她是一个既性感又可爱的女人，可爱和性感都集中在一个女人身上，这是很难的。

很官方的一个评价，私下里，吴彦祖却有自己喜欢的女人，而今结婚生子，其乐融融。可见女人性感再加可爱，也未必会去爱。

男人选女人，若只单纯朝着性感而去，结果总是短暂的。从血脉偾张到俗不可耐，不需太久，男人便会生厌。

女人选衣服，肉色是个冒险。

男人选女人，性感不是关键。

肉色选好搭配，令女人活色生香；性感用得巧妙，令男人永生难忘。这样的组合，才称经典。

分得清性感和肉欲，才能明白从血脉偾张到俗不可耐，转瞬即逝。

高贵的肉色能把女人烘托到极致，过目不忘，蓬荜生辉。肉欲的颜色只会令女人俗不可耐。同一色系，可以隔着深浅万丈。

女人总是要分清，是要讨好自己，还是诱惑男人？

叫姐姐还是妹妹？

两个女人初次见面，一个女人问："哎，咱们谁大，我还真看不出来，我是应该管你叫姐姐还是妹妹？"

另一个女人只好问她是哪一年的。

两人各自说出年份后，第一个女人沉下脸道："原来你还比我小啊，真没看出来。"

这段对话有趣之处在于，第一个女人以极自信的状态先发制人，以为能赢得先机，只是没想到这个赌注下得不准，弄得自己灰头土脸。但嘴上她并有输，即使叫妹妹，她依然盛气凌人。这样的自信令人刮目。

场景一转，再看另一对女人。

一样是初次见面，一个女人问："我肯定比你大吧，你看上去那么年轻。跟你一比，我怎么觉得自己特别老。"

另一个女人答："你才年轻呢，我肯定比你大。你看你皮肤多好。"

两人一报年龄，原来只差了几个月。大家相视一笑，心生美好。

这段对话，充满了惺惺相惜，看不到一丝嫉妒与排斥。

同样初次见面的两个场景，换成你会怎么说？

有人说，女人之间哪有不嫉妒的，第一种是直接，第二种是虚伪。

如果非定义成直接与虚伪，我宁肯选虚伪。

两人初次见面，还没有任何了解时，何必要把关系弄"直接"呢？

直接得叫人不舒服，便不会再有做朋友的可能。

反而，多赞美对方，即使不是发自内心，也依然让人心生美好。两个陌生人如果能因为赞美最后成为朋友，一样可以成为美谈。

如果是虚伪的赞美，之后的谈话会表明一切。虚假的东西只会掩饰一时，时间稍久便失去耐受力，自然现原形。

而真诚的赞美，发自内心，你能从对方的眉目之间看到那种欣赏、相惜，越交流越投机，自然会慢慢成为知己。

识人看相，不是看他/她的五官有多美，而是看他/她的言谈是否有善意与欣赏。

善意的话谁都爱听，欣赏的眼光谁都渴望。初次见面，就不要吝啬了，多说一点好听的话，总是一件锦上添花的事。

命中注定的提款机

小潆与他认识的时候才二十出头,那时他有女友。之后男人去了东北创业,结婚后也渐渐失联。

七年后,男人突然找到小潆,原来他已离婚,身家千万。他跟小潆坦言,他只想从以前认识的朋友中再找,因为太多女人图他的钱。

之后两人开始交往。一次男人要去海南谈个项目,邀请小潆同去。小潆欣然前往。

只是没想到第二天两人便吵翻了。

那晚男人带着几个朋友想去唱歌,带着小潆一起去。他们去了一家夜总会。令小潆吃惊的是,男人叫了十来个小姐作陪,弄得小潆很是尴尬。小潆不明白,一个男人会当着女友的面找小姐吗?

男人却冲她吼:"不叫小姐你能陪我喝酒划拳玩骰子吗?!"

最后她离席而去,不欢而散。

那些朋友嘲笑男人,怎么找了这么一个不懂规矩的女人。

男人一怒之下立刻打道回府,留下小潆一个人在海南。

这个故事,结局自不必再问,两人从此陌路,再无交集。

小潆自问,认识男人多年,却不知他有此癖好。一个男人把找小姐当成了家常便饭,这种人又如何能共同生活。

小潆的闺密替她分析:你们根本不是一类人。他做生意已把夜总会当成了半个家，而你却大惊小怪，惹得男人没面子。不是一类人，不进一家门。这种男人还是早点分开的好。哪个女人愿意自己的老公天天夜总会泡着。

物以类聚，人以群分。不是一类人终是走不到一起。即使你们认识多年，即使他身家千万，都敌不过价值观、世界观的分歧。

当然有一类女人看在钱的份儿上会选择妥协。既然他那么有钱，那么对找小姐的事就睁一眼闭一眼吧。只要他肯给你钱花，其他的还计较什么呢？对她们来说，不是命中注定我爱你，而是命中注定要定这台提款机。

这类女人也有她们的苦衷，前半生已经穷怕了，后半生无论如何要找到一台提款机。只要能提款，其他的都可忽略不计。

她们的委屈不言而喻。为了这台提款机，什么都忍了。甚至为他生下孩子，仍不肯给婚姻都认了，只要他能看在孩子的份儿上给钱。一个孩子不肯结婚，那么就再生第二个；第二个仍不肯结婚，就生第三个。我跟你都有三个孩子了，你总得跟我结婚吧！没想到提款机就是不听使唤，依然不肯成全。算了，反正有孩子了，而且还是三个，那就继续忍吧，总有一天会守得云开见月明的。没想到月明没有见到，提款机翻脸不认人，竟然提出分手！这，这，这……这简直是晴天霹雳啊！

这时的她们才能领悟，原来提款机不是轻而易举就能驾驭的，即使你拿孩子做赌注，依然没有胜算的把握。这就是命啊！

女人总是在受到巨大挫折后开始信命，命苦的她们却不能明白，这台提款机本就不可能属于你，因为你们根本不是一类人。

好女不过百

有句俗语叫"好女不过百"。

超过一百斤的姑娘,肚子上难免是有肉的,时不时要被挑剔的人嫌弃不够苗条。于是姑娘们发出了"要么瘦要么死"的豪言,要跟一百斤血战到底。

时日不多,便又有了一句俗语:"凡是一百斤以下的姑娘,要么平胸,要么个矮。"

许多人纷纷躺枪。

"是啊,是啊,我才一米五,当然到不了一百斤。"

"我个子超过一米六了好不好,不过……是啊,我平胸又怎样!"

超过一百斤的姑娘总算扬眉吐气了。

"我是超过一百斤了,可我有胸啊!"

"我一米七的身高,再不超一百斤那才有问题呢。"

审美观终于出现逆转,微胖的女人才是最美。超过一百斤的姑娘全部点赞。

男人也站出来力挺。

"身上有点肉的姑娘才好抱,不然抱什么?抱柴火吗?"

"一把骨头硌得慌,太瘦的女人实在不好看。"

在男人眼中,一百斤以下的姑娘才是要被嫌弃的。

一百斤以下，那就意味着胸前波涛汹涌的概率非常低，即使偶然有一个，但个子一定也高不了。个子不高的女人还是有些不够完美。总结起来，还是微胖型的女人最可爱。

微胖而又不能太胖，这个度要刚刚好。

胸前要有肉，大腿也要有肉，屁股也要有点肉，这样的比例才算合理。

男人总结微胖美的细节，他们对女人的外形向来是一丝不苟的。

一百斤以下的姑娘从此再不吃香了。男人都站出来说话了，她们还有什么发言权。

各种场合，她们会听到来自四面八方的声音：

"哎呀，你太瘦了，你到一百斤了吗？"

"你肯定没到一百斤，瞧你瘦的，你有九十斤吗？"

"你赶紧多吃点吧，你看你瘦得一把骨头，很难嫁出去的。"

……

可怜的瘦姑娘们，成了众矢之的。她们招谁惹谁了，男人嫌她们瘦，女人也不放过。

不是说好"要么瘦要么死"的吗，怎么都食言了？

最近又有明星出来晒反手摸肚脐了，引发全民模仿热潮。瘦的姑娘摸起来易如反掌，一百斤以上的姑娘模仿起来是有些费劲了。哎，身上的这几斤肉啊，折磨起来没有上限哪！

已经不起折腾的姑娘们以不变应万变，反正我一百斤以下，我就是"好女不过百"。

一百斤以上的姑娘也不甘落后，"我个子高，又不是平胸，不用担心嫁不掉了。"

大家都斗志昂扬，在青春的岁月里跟一百斤较劲。

终于有一天，你累了，松懈下来，回望自己，才知道最美的年华原来都在这斤斤计较、斗志昂扬的日子里了。

左手握右手

毕业 N 年聚会，单身的总是那几个长得漂亮的姑娘。

长得漂亮自然要挑剔一些，落单也见怪不怪。

佳佳现在单身，立刻引起轰动。佳佳可是当年的校花，她这样的美女还是单身，自然大家都不安心起来。

佳佳坦言几年前与老公离婚，当时没要孩子，颇有些遗憾。

这样的美女居然也离婚，男人都瞎了眼吗？讨得这样的仙女，怎么还能拱手相让呢？立刻群起而攻之，一致声讨那个负心汉。

佳佳说："我再漂亮也是当年，现在三十好几，又怎么竞争得过二十几岁的姑娘？"

可在大家眼中，佳佳一点儿没变，脸上没有岁月痕迹，反而更多了女人的风韵和味道。

"我们结婚六年，再美的天仙也看腻了。"佳佳说得有些无奈。

男生立刻蠢蠢欲动了，一个马上说："我哥还没结婚呢，要不你跟我哥吧，肥水不流外人田哪！"

女生立刻攻击："你长成这个样子，你哥能好看到哪儿去，配得上我们佳佳嘛！"

众人起哄，大家笑作一团。

再美的女人也是有可能遇上负心汉的，熟悉的地方无风景，当初赔上性命才追到手的，几年后照样变成左手握右手。男女之间，不进则退。没有感情的维系，只会渐行渐远，再无交集。

美貌在婚姻里的作用总是在最初时占些便宜，日子一久，美貌的地位也被其他取代了。做饭的手艺、收拾家务的技能，这些谈恋爱时常常忽略的东西，在婚后都被放大出来。"当初你就知道我不会做饭了，怎么现在开始嫌弃？"女人当然是满腹委屈。

男人也有说词："美貌能当饭吃吗？你不做饭，咱们喝西北风去啊。我可不想天天在外头吃。"

这么一个简单的借口都能成为离婚的理由。可想当初你说："宝贝，没关系，你不会做饭，我做！"

那些曾经的誓言呢？也都喝西北风去了？

爱你的理由千万种，不爱的理由一个就够了。

人情凉薄，都在这爱与不爱里了。

男人何苦难为自己

男人最近很苦恼，他跟女人一夜情之后，便深深地爱上了她。可女人莫名其妙地就离开了，一离开就是两个月，两个月之后给他回了短信：我们只适合做普通朋友。

男人痛苦得夜不能寐。已几年没有爱上一个人的感觉了，好不容易等到了这种感觉，可煮熟的鸭子还是飞了。

他与女人一见钟情，当晚便干柴加烈火，一夜销魂。他比女人大十年，二十岁的女人天生丽质，三十岁的男人自认老到，他们在床上如鱼得水。男人兴冲冲地与朋友分享这美好时刻，当众宣布他终于碰到了自己要找的女人。

就在大家都为他祝福之际，天生丽质的女人却消失了。

男人苦苦思念，短信不断，女人暧昧着，若即若离。

没想到两个月之后，女人还是狠心拒绝了。男人不懂，明明生米已经煮成熟饭了，怎么还会是这个结局？

单纯的男人总是想不到这一点，以为女人上了他的床，就该爱上他的身体、他的人。殊不知能跟你见面就一夜情的女人，她也能跟别的男人。以床笫论英雄，三十岁的男人终究比不上二十岁的男人，大十年的优势在床上并不吃香。

二十岁的女人早离开了生米煮成熟饭的年代，一夜倾情、终身相许的女人早变得又老又丑，这类女人送上门来，男人还要看心情。二十岁的女人便不一样了，她们皮肤的弹性是三十岁女人的好几倍。

有得就必有失，得到一次，其实也可以有资本偷着乐了，仅仅一次ML就想让女人爱上你，这种自信还是放弃的好。得到了一次一夜情，幸运一点的或者多夜情，你暗自享受的同时，你该明白的不是你们擦出了爱情火花，而是又失去了一位良家妇女。

男人都知道：找老婆要找良家妇女，找快感要找一夜情。跟自己较劲的男人却总是想在一夜情里找爱情，在一时的快感里找一辈子的幸福。

男人何苦难为自己？

影响女人容貌的六大因素

一、爱贪占朋友的便宜，爱算计，不懂感恩回报。

有的女人无时不刻不在算计，总想着怎么能从别人身上占些便宜。陌生人当然无从下手，那么只有从朋友中寻找机会。既然是朋友，当然没有防范，便宜很容易便占到，屡试不爽。得了便宜还得认为是理所当然，因为是朋友嘛，怎么还会计较这几个钱，自然不会感恩，更谈不上回报。

这类女人每天在此业务上钻营，经常弄得自己面色黑黄，皱纹丛生仍乐此不疲。

二、嫉妒心。

女人心中是常怀嫉妒的，这个都好理解，最怕的是嫉妒心没了个度。跟谁都比，谁都比不过，心里那个气啊。时间久了，经常是面色狰狞，眼神古怪，面露寒光还要时不时露出居高临下的不服气。

遇到这类女人，还是敬而远之为好。一旦她与你较量起来，能与你终生为敌。

三、性格闭塞古怪，不喜交朋友，不笑。

不喜交朋友的女人大多性格闭塞古怪，她们通常面无表情，几乎看不到笑容。不喜人群，清高自怜，长期如此，面部僵硬，线条可怕，总要比同龄人更苍老一层。

四、搬弄是非，背后嚼舌根造谣。

搬弄是非总是和撒谎成性连在一起的。在一个人面前说另一个人的是非，成了她的一种癖好，久之成了习惯。这类女人的脸上往往堆满各种斑点，不忍细看。

五、不善良。

不善良的女人自然也美不到哪儿去。只需一个细节——通常对花花草草没一点儿爱心的女人，也别指望她善良到哪儿去。

六、自私，只站在自己角度想问题。

自私是女人排在嫉妒之后的第二大陋习。为了自己的私利，为所欲为，只要满足自己，旁人的死活不关己事。这类女人一般多是薄唇刻薄，小家子气，看人总不能坦然对视，总是瞥来瞥去，没有任何美感可言。

女人只需记住"相由心生"四个字，再外加一条：远离坏男人和坏女人，保持心灵和情感的纯粹和纯净。

女人要想由内到外都变美，这六大要素不可忽视。

真正的美不是靠刀工做出来的，浑然天成的美都是经过岁月的历练，内心澄明纯真，透过一双眼瞳能折射出与众不同的气质。美人可以复制，唯有气质无可替代。

爱无力

W 离过两次婚，交过四任女友，每段恋情都是魂牵梦绕，刻骨铭心。可轰轰烈烈爱过几场之后，他仍孑然一身。

朋友为他介绍了一个漂亮女孩，W 还算满意，可交往中，W 始终激发不出热情。论条件，这个女孩从各方面都符合 W 的择偶标准，可是他就是投入不进去，对女孩若即若离，爱搭不理。

三个月后，女孩跟 W 终止了交往。分手时，女孩对 W 说："你已经爱无力了。"

W 默认，前面几段刻骨神伤的恋情已让他对女人再无热望。他已心死。

刚三十出头的 W 真的是爱无力了吗？

半年后，W 在一次聚会中邂逅了一个女孩，一种久违的心动突然令他魂不附体了。女孩并不十分漂亮，但身上散发出来的一种特殊的气质令 W 着迷。W 与这个女孩瞬间打得火热，两人迅速坠入爱河。

W 觉得这个女孩把他的心渥暖了，令本来已爱无力的他又复活了。

其实这个女孩什么也未做，她只是恰好出现在 W 面前，令他一见钟情。

只要遇到了喜欢的人，"爱无力"的症状便会迅即消失。

什么哀莫大于心死，只要你还活着，即使再受多少情伤，你都会再次爱上别人。

人就是这么奇怪的动物，他可以在一个漂亮女孩面前"爱无力"，却可以在一个普通女孩面前"爱入膏肓"。

这种奇怪的差异就来自于爱与不爱。

爱的能力与生俱来，你不用担心哪天它会突然失去，它会顽强地持续到生命的最后一刻。爱与不爱，并不是这种能力的拥有与缺失，而是你遇与不遇。

当你遇到一个对你毫无热情的受伤男人时，你就不要再怨他爱无力了。他只是对你爱无力。

以最快的速度放弃一个并不爱你的人才是你最明智的选择。

各怀心事，也互不慌张

阿欢常为自己的肥胖身材苦恼。一米六几，已快冲破 180 斤了。

对于一个才三十岁的女人，是有些残忍了。

幸好她孩子早早生了，幸好老公也未因她的肥胖提出离婚。有了这两个幸好，她的日子也不算难捱。

女人的两关——结婚生子都已完成，接下来就是养老的事，比起很多女人已是小有成就了。邻居小芬年过四十，虽然瘦，可是至今单身。跟她比起来，阿欢还是知足常乐的。

将肥胖和单身放在一起，她宁肯选肥胖。

单身是要遭白眼的，还有可能被同事欺负，有个老公总比没有强。再加上有子万事足，养老也有了依靠，身材肥一些，还是能原谅的，谁能这么十全十美？

阿欢常常这样想，心宽体胖对她来说也越来越习惯。

突然有一天，她老公提出了离婚。

她不以为意道："都有孩子了，离什么婚啊，你还得跟我分家产，还得跟我争孩子。咱俩就别离了，你想找谁，外面找，我也不管你。你搬出去住我都不管，反正我就是不跟你离！"

见她铁了心，老公倒也没办法，索性真的搬出去，倒也清静。

时间长了，老公一周回来一次，看看孩子而已，两人也并不交流，像两个熟悉的陌生人,同在一个屋檐下,各怀心事,也互不慌张。

阿欢心里明白,以她现在的条件,离了婚,恐怕连个五十岁的也找不到,与其这样,还不如维持现状。自己不说,外人也无从知道。总好过离了被外人指指点点强。

闺密劝她,你就减减肥吧,说不定减了,你老公就跟你和好如初了。

阿欢一脸苦涩,即使一天只吃一顿饭,她仍是一斤未减。喝凉水都长肉的人怎么可能甩掉脂肪?只要能守住180斤,她就心满意足了。

"我跟他结婚时就这么胖了,怎么那时他还跟我结婚,那时他也没嫌弃我呀。"

阿欢替自己辩解。她总不肯把肥胖和婚姻危机画上等号。

"也许他只是图你的北京户口。"闺密最擅长揭人伤疤,说完又后悔。

阿欢逞强道:"只要他敢离婚,我就去他单位闹,他也别想升官发财了。"

气话就是为了让自己痛快。

女人总爱一厢情愿地认为事情不会发展到那个地步,总给自己多个假设,不然日子怎么过?好心态才能对抗一切波折。

现在阿欢还是180斤,老公还是一周回来一次,他们还是没有交集,眼神从对方身上瞥过时不带任何感情色彩。

可终究还是没有离婚。

阿欢说:"只要这个家还在,只要我能守住180斤,我就是成功了。"

有个好心态或许比有个好身体都强百倍。

把目标拉到最低时,才发现没有过不去的坎儿。

拿出这个心态,放在婚姻里,日子自然轻松许多。可用在减肥上,那身赘肉一斤也别指望掉下来。

男人喜欢你时

男人喜欢你时，恨不得告诉你他的全部财产、买了多少黄金。不喜欢你时，马上会问："你怎么知道我买了黄金？"

男人喜欢你时，连过马路都要说："亲爱的，我背你过去吧，小心碰着。"不喜欢你时，当你说："亲爱的，背我过马路吧。"只回一句："神经病！"

男人喜欢你时，陪你逛商场，你试一件衣服便陶醉地说："我老婆穿什么都好看。"还要拿出手机不停地拍。不喜欢你时，离你八丈远，还要再加一句："别离我太近，省得让人认出来。"

男人喜欢你时，吃饭时帮你擦去嘴角的残渣，还要娇嗔道："看你连吃相都这么可爱。"不喜欢你时，直接冷眼瞥过去，"擦擦嘴吧，这么大人了丢不丢脸。"

男人喜欢你时，不用你走，直接把你抱上床，火急火燎。不喜欢你时，当你伸开双臂要他抱时，他没好气道："你腿断了吗？自己不会走啊！"

男人喜欢你时，每天要抱着你入睡，抱到不留一丝缝隙。不喜欢你时，狠狠把你一推，"这么热天抱在一起怎么睡啊！"

男人喜欢你时，买了耳环亲自给你戴上。不喜欢你时，看着一抽屉的耳环抱怨道："你买这么多有必要吗？谁看你啊！"

男人喜欢你时，把相机一背，"走，给你拍照去！"不喜欢你时，"就你这年纪还拍照呢，你不怕鱼尾纹拍出来吓死人。"

男人喜欢你时，下班一进门便说："走，咱们外头吃去，这么热天，你也别做饭了。"不喜欢你时，"你不做饭，我娶你干吗?！谁愿意天天外头吃！"

男人喜欢你时，就爱拉你去电影院。不喜欢你时，一听看电影就拉长脸："网上不能看吗？跑什么电影院啊，浪费钱。"

男人喜欢你时，把工资卡往桌上一拍，"你想买什么就买，高兴就行。"不喜欢你时，立刻就问："我兜里的钱怎么没了？是不是你拿去花了?！"

男人喜欢你时，等你购物回来，大方道："今天买什么了？我全给你报销。"不喜欢你时，发怒道："你丫今天买了多少？疯了吧！"

男人喜欢你时，把围裙一扎，"我今儿给你露一手。"不喜欢你时，"我累了一天了，我还得给你做饭，你想什么呢！"

男人喜欢你时，把你的照片放在床头，天天看不够。不喜欢你时，当你发出请求："你能把桌面的照片换成我吗？"他回了一句："不能！"当你刚想发作时，他又补了一句，"幼稚！"你终于忍无可忍骂了一句，最后他再回一句，"无聊！"

男人喜欢你时，约会时必戒烟、洗澡，口袋里还得放着口香糖。不喜欢你时，"男人有几个不抽烟的？我身上够干净的了，你去比比！"

男人喜欢你时，你是他的小公主。不喜欢你时，你是他的黄脸婆。

男人喜欢你时，为你摘星星摘月亮。不喜欢你时，山不是山，水不是水。

男人喜欢你时，情人眼里出西施。不喜欢你时，横挑鼻子竖挑眼。

男人喜欢你时，你是女神。不喜欢你时，你就是女神经。

男人喜欢你时，不必沾沾自喜。不喜欢你时，亦不必哭天抢地。

……

爱情最不平等之处便是：男人喜欢你时，你也喜欢他；男人不喜欢你时，你还依然喜欢他。

女人早该走出这个误区了。

只有向不喜欢自己的人告别，才会与喜欢自己的人相逢。

失恋疗伤期

几个闺密围在一起,讨论失恋疗伤期。

你的失恋疗伤期有多长?

这个问题恐怕是许多失恋者的痛处,情到深处难自持的痴情男女总是陷在失恋的阴影里久久出不来。

芳芳拿出一个有趣的测试,直接测你的失恋疗伤期,这个软肋你敢不敢捏?

看题:

男女双方四目相对的时候,最容易擦出爱的火花,想想自己会被什么眼睛吸引?

A. 味道十足的丹凤眼

B. 水汪汪的大眼睛

C. 坚毅的单眼皮

D. 眯成一线的笑眼

通常你会怎么选?

几个女人开始热闹地讨论开——

小芬最喜欢大眼睛,她一上来就选 B,看到答案,她果然不住点头。

选 B:你是个很感性的人,只要别人对你略表关心,你就会全心全意地爱上他，分手的时候也会拖泥带水，无法和对方一刀两断。你非常渴望被爱的感觉，失恋后容易让人乘虚而入，所以你基本上没什么空当可以疗伤。

可可选 A，她只喜欢味道十足的丹凤眼，因为她本人便是，爱屋及乌。

选 A：虽然你不愿意承认，但你的确是游走于众多情人之间的多情种。你的每一段感情都是轰轰烈烈，人尽皆知，不过你的恋情来得快，结束得也快。你会迅速撤退，立即转换战场，你的疗伤期以"天"来计算。

娜娜却喜欢有坚毅的单眼皮的男生，不用问一定是 C。

选 C：当你整天苦着一张脸时，大家就猜到你准是又失恋了。你将感情看得很重，毫无保留地完全付出，也希望对方如此对你。当爱情走到尽头，你会有"生命也走到尽头"的悲观想法，你的疗伤期总是别人的数倍。

棉棉则喜欢笑起来眯成一线的男生，她选 D。

选 D：谈到感情，你还像个孩子，只想得到别人的安慰，享受依赖对方的感觉。分手后你会觉得顿失依靠，不知该如何打理自己的生活，对旧情人一直念念不忘，会一直想和对方复合。

答案一公开，女人坐不住了，"怎么那么准啊！"大家齐齐发声。不管这个测试的可信度有多少，终究有它合理的成分。你喜欢什么，也就意味着你选择什么样的结果。

失恋疗伤期因人而异，却完全取决你自己的选择。

你放纵自己，沉湎于此，郁郁寡欢，一蹶不振……那么别人怎么救你？这是你自己选择的方式。

一根筋的人失恋疗伤期通常都会很长，他的潜意识中就喜欢这样的放纵和沉湎，仿佛只有这样，才真正称得上失恋。就像文身，明明知道会很痛，可有的人乐此不疲。这样的选择，谁也阻止不了。

唯有从失恋中走出来的那一刻才会幡然醒悟：自己怎么那么傻，在一个人身上浪费了那么多不必要的时间和眼泪！而那时，再华丽转身，时间已大把过去了。

最近大家都在感慨：时间都去哪儿了？其实都在大把的失恋疗伤期里了……

不必把太多的人请进你的生命里

L和Y认识十年，两人一同开了一家公司，以拍广告为主，生意虽不算太好，但每年都有盈利。两人认识第十一年的时候，Y提出退股，他坦言有新的公司拉他入股，他不想分太多精力在其他事务上。

L有些泄气，十年的关系难道还难以信任吗？无缘无故要退股，实在有伤感情。L在情感上早已把他当成一家人。没想到Y更提到了最俗的东西——钱。退股当然不是把名字消掉这么简单，自然要把钱也一并退出来。

L实话实说：账面上只有一万元，每年交房租、交税等开销后，已所剩无几。Y也实话实说：如果账面上有两万，他就要两千；如果账面只有一万，那么他要一千。他觉得他已非常通情达理，什么房租钱、税钱都算是他出的。

L很吃惊，连一千块也要算清楚，那他们之间的关系呢？情分呢？

Y不以为意，把账算清楚，并不意味着撕破脸，两人照样可以往来，只不过不合作了而已。

L由吃惊到气愤，"你搬新家，我送你的电视机都不止一千块！"

Y却说："这是两回事，一码归一码。"

一对工作伙伴就这样分道扬镳，尽管他们认识了十年，决裂就是发几条短信的事，连打电话都省了。

越难猜，越特别

E与B认识了二十年，二人同在一个小区，从小玩到大。

一次二人结伴去美国玩，在一起住了二十天。两人从来没在一起这么长时间，头几天还好，三天后E绷不住了，发起火来："我每天都得抽烟，为了照顾你的感受，我尽量跑到楼道里抽，但我已经习惯了边抽烟边上厕所，你不让我抽烟，我连厕所也上不出来，我都三天拉不出屎了！"

无奈，B只好妥协，允许她在厕所内抽烟，自己却被呛得不行。

接下来矛盾又来了。

E说："我这人平时喜欢晚睡，不到夜里两点睡不着，为了你，我十一点就得上床，我根本睡不着！我受不了了，为了你我作息时间都得改，太痛苦了！"

B只好再次妥协，任她开着大灯到两点，自己想睡也没法睡。

二人的矛盾渐渐升级，E每天提出新高求，B次次妥协，已到了崩溃的边缘。行程只玩到了一半，二人想回家的心都有了。

半吵半忍着玩到了回北京的那天，二人的矛盾在机场彻底爆发。

B找了个朋友来接机，自然也要送E一程。但E为了在机场买烟，迟迟不出来。B和她的朋友在接机处停车超时被罚了二百，这时E才拎着八条烟走出来。那场面不必想，二人的友谊至此破裂。

二十年的友谊，只因一次结伴游玩便戛然而止。

那么，那些十年、二十年都是怎么过来的？弹指一挥间原来是用来形容友情的。有些友情和爱情一样，能走过十年，未必会有二十年；能走过二十年，谁也不敢说会到三十年。

感情的事，谁也无法预料。有时它可以轰轰烈烈十年，说断交就是那几秒；有时它可以细水长流二十年，可真正天天守在一起，迅速成了冤家。

友情从可遇到不可守，都透着太多的不了解。也许你们认识十年，可见面加起来的时候或许只有一年；也许你们相知二十年，可你们真正相互了解吗？

一旦如此长久的友情破裂，从此人生再无交集，甚至连偶然遇见的敷衍也略去了。彼此都觉得对方太不念情分，十年、二十年的情谊都能不顾，还有什么需要敷衍的？

不是爱情才有优胜劣汰，友情也有；不是爱情才有旧的不去、新的不来，友情也有；不是爱情才有互相伤害、两败俱伤，友情也有；不是爱情才让人表面坚强、心里淌血，友情也有。爱情有的，友情全有。

谁能在淌血的时候还表现出风度？爱情的决绝在于：不能结婚就分手吧。友情的决绝只会是：话不投机半句多。

有时，爱情会因为婚姻而妥协，明知不爱了，却为了一个完整的家选择隐忍。友情却不会，何必勉为其难地假装姐妹情深，秀恩爱永远比秀友情更搏人眼球。

不必把太多的人请进你的生命里，爱情也好，友情也罢，不想回头总是因为又有新的人闯进了你的生命。

有些人注定只是你生命中的过客，来去匆匆，越热闹，越冷清。

走过了相遇的千回百转，再遇到懂你的人，你才能明白原来你要的幸福只是一种不离不弃的陪伴。唯一不能用来衡量感情的便是——时间。

越难猜，越特别

男女之间的经济账

小青与老公正在谈离婚，自然要把经济账算个清楚。

男人说："除了空调外，这屋里的家具都是我买的，我全搬走。"

小青感慨：幸亏房子是自己婚前买的，不然连个落脚的地方都没了。

谈恋爱时，小青与男友就是 AA 制，结婚后也是各花各的钱，经济账从来都是各自管理，各自消费，倒也简单。等到离婚时，双方都能算得清，离起来倒也痛快。

只是这样的感情，经得起时间的考验和生活的琐碎吗？

小青坦言，当时结婚就是担心怕离婚，所以才把财产各自分得很清楚，以免离婚时麻烦。

既然都想到这一步了，为何还能走入婚姻？

"我都三十多了，再不结婚，跟家里交代不下去。对方条件不错，清华大学毕业的，就是人抠门些，所以才一直 AA 制。反正我自己也能养活自己，也不指着他的钱过日子。幸好当时 AA 了，不然现在离婚他得为每一分钱跟我掰哧。"

小青的这话听起来多少有些无奈。男女之间的经济账算得太清，不像一家人；若不去算，又担心离婚后为这点钱两败俱伤。

小珍，三十九岁，在相亲网上认识一个小她三岁的男人，第一面见过，印象还可以。男人于是问：是否还打算交往下去？同时他也表明他的立场：半年到一年内他是不会考虑结婚的。

小珍有些犹豫，以她这个年纪，恨不能赶紧找个人结婚，如果再耗个一年半载，对方仍没有结婚的意思，她实在有些耗不起。

于是她也婉转地表达了这层意思。

男人这样回复她：

"我不会洗衣做饭，但是愿意帮忙。养爹妈天经地义，但是既然都有收入，那么女方不能拿男的钱包开支！生活上要互相恩爱，相敬如宾……这样的条件同意，半年也行。"

小珍看后脑袋有些蒙，还才见过一面，恨不能连婚后的条件都开出来了，这还怎么往下交往？

"女方不能拿男的钱包开支"，这一句便将人打蒙，女方不能花男方的钱，那么所谓结婚，意义何在？

男人却不认同：结婚并不是找个女人让男人养，凭什么就得男人养女人，凭什么就得女人花男人的钱，怎么就不能各自养活各自，大家都有收入，都是平等的，不存在一方非得养另一方。

这段还未开始的恋情，就因为男女之间的经济账算不清楚，不得不戛然而止。

公说公有理，婆说婆有理。男女之间的经济账，直接影响男女之间的交往与成败。彼此观点不一致的，接受不了 AA 制的，不同意老公养老婆的，在感情路口都有些踟躇不前。

相反的案例要数莉莉。80 后的莉莉找了一个 70 后的老公。男人一结婚便把自己的账户上交，车、房子统统改成老婆的名字，每月工资如数上交，坚决让老婆大人管账……莉莉对此感动不已，因为她从未对老公提出这样的要求，没想到老公悉数做到。如今两人婚后育有两子，幸福指数超高，羡煞旁人。

问她老公是如何能做到这些的。她老公说："我娶这个女人当老婆，肯定是要给她幸福的，如果这些东西我都给不了她，那我娶她干吗？娶她就是要养她，就是要让我的女人过上我能给她的最好的生活。"

这样的老公，无人不爱。这样的老公，可以成为女人找老公的范本。

只是能否有这样的幸运遇见，那要看每个女人的造化了。

婚前，男女之间若是能把这笔经济账算清，并且能达成共识，婚姻也就成功了一半。

男女之间，不是要计较多少甜言蜜语，多少山盟海誓，只需稍稍算一笔经济账，便能将所有的浓情蜜意一股脑打翻。

曾经的蜜糖

女人在粉色少女的年纪，都是男人的蜜糖。

粉脸粉嫩，一身粉红，娇羞欲滴的美少女在男人跟前一站，蓬荜生辉，立刻迷死人。

少女与熟女的差别就在这粉粉的脸色。

水嫩得想马上咬一口的苹果脸，只属于少女。

如今嫩模在香港颇为流行，掀起一阵粉红风暴。在经济危机风潮下，人们不是怀旧，却是崇拜更新鲜的东西。

少女大行其道的时候，连熟女也要跟着扮嫩。

已近中年的林志玲要保持娃娃音，声音发嗲，眼神娇俏似少女。

年纪更大的萧蔷不甘落后，衣服越穿越低，脸上的脂粉越涂越厚，越来越高的发际线令人担心。

还有娱乐圈的诸多超龄美女，个个似乎都不相信皱纹，仍以不老女神姿态混迹娱乐圈……

美人迟暮，还要拼命装嫩，其中的尴尬与心酸连外人都一目了然。

女人过了三十，何必再对粉色较劲？粉色，一段时间热衷就好，没完没了地霸占着衣橱，男人都看不过。

如花美眷，终敌不过似水流年。用粉色掩饰年龄，荒唐又好笑。

■ 越难猜，越特别

坦然接受岁月的洗礼，失去粉嫩，收获五彩，是另一种升华。

曾经的蜜糖，敌不过岁月，日子久了，终成砒霜。

对粉色及早拂袖而去，才是明智的女人。

手撕前女友

最近某女星在微博上公开了恋情，其男友的前任女友也发微博表祝福，字里行间略有些小情绪，立刻被网友骂成炒作。那么前任与现任的好友便开始各自爆料对方的不厚道，火药味十足。之后男友为了捍卫与现女友的感情，发了一篇长微博，直接宣称前女友出轨事实。这场骂战愈演愈烈。

八卦的人热闹地说：男友做得好，直接抨击前女友，省得她再来捣乱，是壮举，有担当；冷静一点儿的看客说：男友的行为有些不厚道，既然曾经爱过，何必再揭别人的短儿。

两边看客你一言我一语，吵得不亦乐乎。

再回看男友的长微博，他这段"必须要说的话"，概括起来的中心思想便是要保护现女友，不让自己的过往伤害到她，也不能眼看着女友受到诋毁和伤害。

这个中心思想绝对没错，许多网友觉得这就是一个男人该做的事。

那么再细看这段话，提到前女友的部分，他这样说：愿你走好，此生不再交集。

这一句"愿你走好"实在有些斩钉截铁，这样的话恐怕多用在追悼会的悼词中。这个词用得实在有些用力过猛。想当初他们在一起秀恩爱时，谁又能想到最后会以"愿你走好"收场。

不计后果地力挺现任，打击前任，那么当现任又变成前任时，结局又该如何上演呢？

任何一段情感，谁都愿意承诺一生一世，但其中的变数无人能估量。一旦感情生变，之前的秀恩爱、表忠心、挺现任、骂前任立刻便遭人耻笑。

既然有这个变数存在，何必又把事情做绝？

任何事情做到不留余地、不留退路，也成了孤注一掷。

女人总觉得他能为了我骂另一个女人，至少证明他多么地爱我。

那是因为他正喜欢你。

可女人从不想万一有一天他不爱我了，他会在另一个女人面前骂我吗？

正热恋中的女人当然不会这样自寻烦恼。

"这种事怎么可能发生在我身上？我比他的前任不知漂亮多少。"女人这么想着，便更自信满满地享受这个男友挺现任、骂前任的过程。

殊不知，看一个男人，只需看他对前任的态度。他能如何对待前任，就会如何对待将来有可能成为前任的你。

有的女人自信，她从不会有这样的担心，自己条件太好了，怎么可能由现任成为前任？

你条件再好，你能好得过国际影星吗？她们有钱有貌有名，集万千宠爱于一身，而她们中有几个没有经历过由现任变成前任的经历？

绅士的男人，即使遇到再不堪的前任，仍会一语带过：感谢她曾经给我带来的美好，没有她，就没有现在更好的我。"

这样的话一出，当然会好过"愿你走好"。那么，何不绅士一些，做出个漂亮的姿态，哪怕违心，至少也落得看客点赞。在网上骂来骂去，即使骂赢了，就能成为最后的胜利者吗？

爱情里没有输赢，只会两败俱伤。

爱情的结果不是最终嫁了谁、娶了谁，而是在这段感情里，彼此的陪伴与成长中,不去伤人与被伤。

爱情是两个人的事,何必再去把第三个人掺和进来,捍卫你们的情感呢?

男人爱女人的方式有很多,但绝不是挺现任,骂前任。

当你的男人手撕前女友时,你在感动的同时不害怕他有一天撕你吗?

只有满意，哪有最好

最近朋友给小真介绍了一个男朋友，两人见面后，小真对他一见钟情。

朋友便督促，难得你看得上，这个男人你可要用点心，抓住了。

小真也痛下决心，今年她是再不想错过了，马上就三十岁了，她这个年纪正是想嫁人的时候。

连着约了男人几次，男人只出来了两次，其他都是加班、出差等理由未能成行。

再之后，小真有点灰心了，基本上男人连个电话短信也没有了。

一年后，没想到这个男人又出现了，又想约小真吃饭。

这是什么情况？难道是当时介绍的时候还有人选，现在分手了，又想回头了？

小真又与他见了一面，可是当初心动的感觉已全没有了。本来很有发展空间的一对，就这么分道扬镳了。

感情的不同步是最要命的，当你对他热火朝天时，他没有回应，等你冷却了，他又积极现身了，可该错过的东西也真的错过了。

事后男人也后悔，当初他是觉得小真不错，但同时别人又给他介绍了另一个姑娘，那姑娘长得比小真还要漂亮。当然男人只好把小真列为第二人选。

没想到的是，相处一段时间后，漂亮女孩刁蛮任性，花钱如流水，男人也有些招架不住了。折腾了一年后，男人痛定思痛，觉得还是应该再回头联系小真。不管怎么样，小真对他还是很心仪的。

只是见面的场景是男人没有料到的。一年后，他从小真眼中已看不到一心一意了，一年时间就已时过境迁了，难免让人遗憾。

感情的事是经不起备选的，当你把一份感情当成了备胎，也别指望它真的能随时派上用场。

许多感情就是这么错过的。

许多人，明明满意，却不是最好的那个时，总想把他/她当成备胎，先放在那里。就像一次吃不完的美味，先放在冰箱里存好，想吃时再拿出来大快朵颐。殊不知，冰箱不是万能的，一旦断电，任何美味都会坏掉。即使电路良好，等你想大快朵颐时，说不定也早被人捷足先登了。

遇到了，满意，已是不可多得的缘分，非要求最好，那才是跟命运过不去。

谁会胸有成竹地告诉你：谁才是命中注定的最好？

恐怕连你自己也不知道。

化解危险关系的方法

同事小丽最近遇上了麻烦事,幼儿园的老师总是打电话来投诉她五岁的儿子在学校如何调皮捣蛋,弄得她很是心烦。

"五岁的男孩儿哪有不淘的,成天打电话过来告状,有意思吗。"

小丽每每抱怨,同事们都劝她冷静,老师关心孩子才会打电话来,这是好事。

小丽却不这么认为,"我看老师就是拣软柿子捏,觉得我们家儿子好欺负。要不就是嫌我们送钱少了,嫌弃我们。"

几日之后,幼儿园老师又打来电话,说这孩子在学校太闹,没人管得了,让小丽把儿子领回家。

小丽这回二话没说,第二天带了老公和五六个人去了幼儿园。

同事们一通劝,"可不能带人去啊,老师会怎么想,这是去闹事啊。"

小丽却不管,这次她非要让幼儿园老师知道,不是所有软柿子都能捏的。

谈判之后,小丽竟意外取得了胜利。

"一看我带人去都怂了,老师态度可好了,说不是我们家儿子的问题,是他们经验不够,说可以继续留在这儿上学,不用转走了。"小丽说得义愤填膺,"他们可真是吃硬不吃软啊,说好话不行,非让我带上人去,他们才怕了。"

"可这么做，对你儿子有好处吗？"旁人不免有些担心。

"当然有好处，至少他们不敢再欺负他了，也不用再赶他转学了。"小丽松口气道。

"但对孩子成长好吗？如果老师是迫于威胁才勉强收下他，日后对他的态度会真心好吗？"

"他们不敢，如果他们敢对我儿子半点不好，我再带人去！"小丽理直气壮。

听完这个故事，心里却不禁一寒。

从老师的角度看，老师对出现问题的孩子没有尽心照顾，只是用简单的方式让家长把孩子领走，这对孩子来说无疑是会增添心理阴影，也没有尽到老师的责任与义务。

从家长的角度，小丽遇到问题，不是与老师良性沟通，而是带人去威胁，这对老师、对孩子都是种不冷静的处理方式。

虽然从结果看，孩子不用领走了，小丽松了口气，可往深里探究，这样对孩子是真心负责吗？

婆说婆有理，公说公有理——老师觉得管不了的孩子，让家长领走转学是对孩子负责；家长觉得，老师对孩子不负责任，用威胁的手段才能解决问题，这样的老师应该撤职。

表面听起来，似乎都各有各的道理。如果换位思考一下，老师与家长身份对调，处境是否能一目了然。如果老师把学生当成自己的孩子，会轻易让孩子走吗？如果家长转换成老师的角色，本身带学生就很累了，还要受到学生家长的威胁，这样的工作还怎么进行？

矛盾来了，是激化矛盾还是解决矛盾，就是要看沟通技巧。

威胁，一定不是一个很好的沟通方式，是无奈之举。这种方式用在孩子身上显然不可取，会让孩子认为只有威胁，甚至武力才能解决问题。

同样，推卸责任一样是一种不良沟通。管不了这孩子就有权力把他赶走吗？这对孩子是何种伤害？幼年孩子的成长经历往往会影响他的一生。在儿童时期遇到一个不好的老师，一定是会造成他心灵的伤害。这是作为老师应该警醒的。

小丽说："好妈妈胜过好老师。我不帮孩子谁帮？老师永远也不可能把我儿子像她亲生儿子那样对待，只有妈妈才能做得到。"

老师说："如果每个家长都到学校来闹事，那我们这个学校也别想开了。"

任何一种关系，到了无法理解、无法沟通的时候，也发展成了一种最危险的关系。小到夫妻关系，大到医患关系，都会遇到这样的窘境。

化解危险关系的方法只有一种——良好的沟通技巧。一旦技巧缺失，双方奋不顾身一搏，后果总是无比堪忧。即使一方赢了，谁也不敢设想潜在的危害。

不如都放下彼此那一点点坚不可摧的自尊和执拗吧，哪怕只是一点点。

万能借口

有一种借口能用来对付各种情况。

"你怎么不接我电话呀?"

——"我忙着开会呢,没时间接。"

"晚上一起吃饭吧?"

——"不行,我忙着呢。"

"周末看电影去吧。"

——"周末比平时更忙,我得加班。"

"哪天一块儿出去玩玩?"

——"我哪儿有时间啊,我太忙了。"

……

是啊,一个"忙"字足以应付各种大事小情,对方还没脾气。

人家都忙成这样了,你还好意思再约吗?

忙是一个万能借口。

但他们真的是忙吗?任何忙都是一种借口,也是最冠冕堂皇的借口。

不说忙,还真找不出更好的理由。

说出差,你总有回来的时候;说生病,你总有好的一天;说已有约了,似乎太绝情;直接说拒绝,那就太伤人了吧。思来想去,觉得还是说忙是最得体的。你可以忙几天,可以忙一阵,也可以忙个大半年,甚至忙到昏天黑地。这个弹性太大了，随时随地可以拿出来做挡箭牌。

如果你遇到总是在说忙的人，其实你是应该懂得他的心理的。他这是在婉转回绝你，你也不必再费力讨好了。

情侣之间最忌讳的就是这个"忙"字。

刚开始总是轰轰烈烈，相处一段时间，什么神秘感都退去的时候，"忙"便跑出来了。

"你找别人去逛街吧，我真的挺忙的。"

"你别老给我打电话了，我很忙！"

"我这么忙哪儿有时间去旅游，你找别人去吧。"

"我忙成这样你就别添乱了，你找你闺密去玩吧。"

……渐渐地，这些"忙"字都跑出来了。

多少男欢女爱被"忙"葬送。多少情侣的关系止于"忙"。

这个万能借口不知害了多少人。

当你再遇到心仪的人，别求什么海枯石烂、山盟海誓，只求他不要轻易说出那个字：忙！

离婚男人 VS 离婚理由

大龄剩女遇到的相亲对象多半会是离婚男人。

有过婚史的男人,也并不是如你想象中的这般复杂,谁结婚的目的都不是为了离婚,总有各种不得已的苦衷。这要看离婚理由。

A 男说:"我需求太猛了,我老婆满足不了我,我才离的婚。"

——此话一出,你也该知道这男人不能选。

B 男说:"她特别懒,连上个超市也得拉着我陪她去。送孩子上医院也得叫上我,她自己就不能去吗?太懒了!"

——不用说,明眼人便知,真正懒的人是谁。

C 男说:"她在床上像头猪一样……"

——这样形容令人毛骨悚然。你还敢跟他赴约吗?

D 男说:"我前妻就是 SB,我当时真瞎了眼找她了……"

——男人直接开骂了,连评价都省了。那么,你是继续听他骂下去,还是走为上策?

……

离婚理由总有千万条,有的人张口就来,话里话外都是对前妻的中伤。这样的男人是要敬而远之的。他能这样说前妻,当然有可能这样说你,感情破裂的时候,说什么都不算过分。

相反,还有一类离婚男人,他会这样说:

"我前妻挺优秀的,是我有些地方做得很不好,分开对她来说更好。"

"她很能干,可能我们俩都事业心太强,谁也不肯让步。其实作为男人,我应该让步,是我做得不够好……"

"我那时不求上进,也没钱,她有了外遇,提出跟我离婚。一开始我不同意,后来我同意了。我觉得她能找到比我更优秀的是她的权利。她能过更好的生活,我应该成全她。我还要感谢她,幸好她离开我,才让我开始发奋。没有她,更没有现在的我。"

"我们虽然离婚了,但现在还是朋友,她遇到难处我还是会帮她。毕竟我们夫妻一场,我们只是不适合做夫妻,但还是能做朋友。"

"我们偶尔还是会通通电话,我也会经常去见见孩子。我希望离婚不影响到孩子,虽然我们夫妻感情结束了,但对孩子的爱不能少。"

"她又再婚了,她的老公我也见过,我们能成为朋友,经常联系。这样的关系很轻松,对孩子也好,婚虽然离了,但情意在,我祝福她。"

……

这样的话听起来就舒服多了,你听不到谩骂和谴责,你看到的是双方的互相尊重与支持。这样的男人即使离了婚也不能一棒子打死,他只是跟这个女人不合适,但并不意味着他人品受到质疑。遇到这样的离婚男人,你可以敞开心扉,大胆去爱。

离婚男人的成败其实只取决于他对前妻的看法与说法。男人的大度与素养都在这离婚理由里了。

与一个离婚男人交往,只需听听他的离婚理由。这个细节,足以说明一切。

女人的选择

电视里访问一位名导演的妻子，主持人问她如何看待自己的导演老公经常在媒体面前骂人，是否在家里会劝老公。

她这样回答："我为什么要劝他？他骂得对啊，我要是他会骂得更凶，我还得帮他一块儿骂，怎么会劝呢？"

主持人表情一怔，又接着问："那这样会不会纵容他，毕竟骂人不是一件很好的事。"

她答："我是他老婆啊，当然要站在他这一边。我非常了解我老公，不是把他逼急了，他也不会骂，我做老婆的就是帮他一起骂……"

如果电视机外的老公看到自己的妻子这样说，应该会松一口气，把感激送上去，还要庆幸自己没找错人。

邻居阿原最近遇到了些麻烦，公司财务一时迷糊多给他开了一份劳务费，他想也没想就接了，又不是自己多拿的，是别人给的不要白不要。不想一周后就被财务发现，让他退回那部分钱，还多追加他一个处分。阿原的妻子知道后直接跑到公司去替老公鸣不平，谁让财务犯错，该处分的是财务，而不是自己的老公。闹了半天，最终阿原的处分也没消除，两人的感情似乎倒比先前更融洽了。

不说阿原的处分是否要追加，明眼人一看便知，只是老婆无条件地站在老公这边替他说话，不分对错，只论感情，此做法同名导演的妻子如出一辙。

不论旁人的眼光如何，做老婆的不与老公论对错，似乎是一条加深感情的捷径。

结婚十余年，名导演和妻子的感情恩爱有加，阿原与老婆的感情同样十年如一日，相濡以沫。在正义面前，不能论感情；而在感情面前，正义要放一边。感情越自私，储存得才能更久一点。就像杀人犯的妻子，明知丈夫罪不可赦，仍要背负道德底线替丈夫隐瞒，为了自私的感情，在所不惜。也有的老婆公开替老公报案，揭发他的犯罪事实，他们的婚姻也随之毁于一旦。

对待自己的爱人，是选择道德正义，还是无条件无原则地支持包容？这种态度决定了感情的稀薄与醇厚。

有的婚姻慢慢同化了这种选择，夫妻渐渐磨合成一类人，态度从此不会发生分歧。

有的婚姻仍保持夫妻彼此的个性，赏罚分明，感情与道德一码归一码，不混淆，不糊涂。

女人该做哪种选择？恐怕只取决于你爱老公的程度。

禽兽与禽兽不如

有一种男人会跟他女朋友借钱，他深知她爱他，所以需索无度。

爱入膏肓的女人会把钱拿出来，义无反顾，仿佛稍犹豫一下都是对他们爱情的亵渎。钱给他之后，他们之间的爱情也变成了交易。

30年代最出名的歌星周璇，在与第一任丈夫严华离婚后，遇到一个狂追自己的歌迷，甚至一路追她到香港。周璇终是被对方的执着感动，成为他的女朋友。接下来，那个花花公子开始跟周璇借钱炒股票。要知道那时的周璇可谓影视圈里最有钱的女人，甚至比梅兰芳还要有钱，那么她出钱借给自己的男朋友炒股，似乎是天经地义，她也有这个资本。之后，花花公子把钱全赔掉了，跑到上海玩起了失踪。周璇那时已怀孕，拼命打听他的下落。男人始终避而不见。等到周璇把孩子生下来，找到他时，男人拒不承认这个孩子，最后滴血认亲后才逼不得已接受。至此，周璇的自尊、高贵全部被这个男人粉碎，也成了她精神病发作的根源。一次，在她演一部需要抽血的戏时，曾经滴血认亲的场面幽灵般地冒出来，在片场，她一下子疯了……年仅三十七岁的生命，最后惨死于精神疗养院。

周璇的故事，总能随着她雍容华贵的声音渗出丝丝的苦涩和痛心。如果时间可逆转，当初她狠下心不借钱给那个男人，拒绝他的需索无度，是否后面的故事可以舒缓些，至少不会在一瞬间崩溃。

■ 越难猜，越特别

　　女人爱上一个男人，即使她名气再大，在她的男人面前都恨不得卑微到尘埃里。即使高贵如周璇，一样可以被一个花花公子玩弄。

　　还有一种男人会跟他前女友借钱，他清楚地记得当初是他甩的你，而你依然爱他，所以仍会狮子大开口。

　　女人借他钱，他会心中窃喜，窃喜的同时还要骂她傻，从此她成了一个笑话。

　　第一种男人可用禽兽来形容，利用爱的男人最像禽兽。

　　第二种男人可用禽兽不如来形容，利用旧爱的男人连禽兽都不如。

　　再聪明的女人都有可能爱上禽兽的。会利用爱的男人他必然是个情场高手。

　　越聪明的女人越觉得他骗不了她，直到男人甩了她之后变得禽兽不如时，她仍相信当初他们是真爱。会利用旧爱的男人，他不但是个情场高手，更是一个演戏天才，他能把悲剧演到悲中带喜，他能做到绝情地甩了女人之后，仍让她们念念不忘。

　　要做到禽兽不如，也是需要天分的；只是有天分未必就会获得真爱。

　　真爱是不会与钱扯上关系的。打着真爱的旗号跟女人要钱的男人是最伟大的骗子。

　　何必对一个骗子慷慨解囊呢？

　　难道你忘了，女人用钱的地方比男人更多。

心情魔态几千般

失恋男女常常陷在回忆里，不能自拔。

刚分手时，会回忆曾经的伤痛，一遍遍舔舐伤口，恨对方的一切，晨昏颠倒，只想报复。

分手一段时间后，会回忆曾经的甜蜜，舍不得那段情，舍不得那个人，朝思暮想，犯贱般地只想复合。

既爱又恨，分手不忘情的一方陷在这两种境地，求生不得，求死不能。反反复复，成了一种心魔，有的人甚至几年走不出来。这种杀伤力，不可忽视。

回忆真是个伤神的东西，一旦陷入怪圈，心情魔态几千般，痴情的男女却总对此欲罢不能。

Z与男友分手了，却仍保留着他的情信，每天找出一封，念给自己听，边回忆边流泪，不遗余力地作贱自己；

F与女友分手了，还会时不时跑到曾经一同住过的地方去看一看，回忆曾经在一起的点滴，悲喜瞬间交替；

G与男友分手后，两次自杀，仍挽回不了爱人的心；

K在分手后，每天借酒消愁，连工作都丢了；

M被女友甩后，染上了毒瘾，痛不欲生；

……

越难猜，越特别

痴情是个好品性，为了痴情却伤害了自己，这又何苦？

陷在回忆里的痴情男女困坐愁城，吃尽苦头。

何不尝试去换一种思维，既然控制不住自己的回忆，不如就去回忆美好。

回忆曾经的伤口，即使现在痊愈了，你仍会隐隐作痛；回忆曾经的甜蜜，即使爱情消逝了，你仍会会心一笑。

回忆美好的东西，你永远快乐。

值得庆幸的是，时间会把回忆带走，会把伤口带走，会把失恋的那个魂带走。

失恋男女永远要记住的是：只有新的记忆才会把旧的思念带走。

在爱情里，不管心情魔态几千般，失去了就当逝去了，努力过，又夫复何求？去挑战崭新未知的生活，永远好过回忆支离破碎的人生。

抛砖引玉

女人在一个心仪的男人面前总喜欢讲另一个男人的奇葩故事。

用意当然很明确,讲那么多的极品,当然是为了衬托面前这个男人的特别。

这些奇葩故事生动有趣,你说得眉飞色舞,听的男人也乐在其中。

说了这么多,男人总该听懂了吧?

要知道那些奇葩在这个男人面前全部败下阵来,抛砖引玉的故事大家都懂吧。

男人却并不接招。

他乐于倾听,也乐于偶尔加几句犀利点评。他知道你想听什么,说了半天总要捧场。

可是你要的不仅仅是捧场。

那么多奇葩故事仍换不回一句:"哎,这些男人你别再理了,有我呢!"

砖是抛出去了,想要的玉却始终不来。

苦追了些时日,你已经表达得不能再清楚了,可是男人依然保持沉默,连捧场的话也不说了。

再过了些时日,男人突然将你屏蔽了。

为什么呀?连死你都不知为什么。

越难猜，越特别

这时你才知道你对这个男人有多么地不了解。你连他拒绝你的理由都猜不中，还不知所以地疯子一般扔了一堆砖。

女人一厢情愿的时候傻得可爱又可怜。

等终于冷静下来，才发现这个心仪的男人竟比以前那些极品还要差劲。至少那些人还没小气到将你屏蔽。

做不成情人，连存在的必要都没有了。现实的男人是这样决绝的。他们有了令人心仪的资本，再多的倾慕也习以为常了。

傻傻的女人别盲目地冲锋陷阵了，追求男人的方法有很多种，但决不是抛砖引玉这一种。要知道，你的那些砖他们实在是看不上，还只会让你自降身份。

当你跟 A 男说 B 男是极品时，你也许永远不会想到有一天 A 男竟比 B 男更加极品。这个故事告诉我们：只要是同一物种，就可能分 A 和 B。

十年

P，四十来岁，某公司的董事长，有非常高的国外教育背景，为人谦逊朴实，待人诚恳真挚，是个风度翩翩的天秤座男人。从年轻时就追求一个他喜欢的有才华的女生，十年追求终赢得才女芳心。婚后的他成功扮演了一个好老公的角色，对妻子无微不至，家里上上下下，里里外外都是他在操持，从家务到理财不用妻子操一点儿心。不让老婆洗碗，怕伤了她的手；不让老婆做家务，怕她太累；就连老婆所有的证件号码他都会在需要的时候脱口而出；甚至老婆出差的行李箱都由他亲自收拾打理！多年在美国打拼的事业，只因老婆想回国的一句话，便统统放弃，到国内白手起家，重新创业……

如果能嫁给这样一个又有才、又有风度、又多金、又对老婆好的男人，恐怕是许多女人的梦想吧。

P的妻子虽然样貌普通，但一身才气令P倾倒。

结婚第十年，P有了他们第一个孩子。

偶然遇到P的妻子，立刻跟这个刚做妈妈的幸福女人道喜。

女人却意外地说：他们正在闹离婚。

女人哭诉，P在她怀孕的时候有了外遇，对方还是个酒吧女。P跟她已秘密同居了好一段时间。

如果不是亲耳听到，根本无法相信这个所有女人都梦想嫁的男人也会犯天下男人都会犯的错误。难道天秤男的本性就如此？

一年后，碰到 P 的一个朋友，他说 P 没有离婚，因为孩子。P 早有离婚打算，P 的妻子被他宠坏了，经常乱发脾气，有时会故意当着外人的面，把一面墙的书全部扔到地上，让 P 再一本本捡起来；打麻将输的时候会把整张桌子都掀起来，让 P 收拾；不喜欢在这个城市住，便会一个人跑到另一个城市找工作，让 P 辞职过来找她……

也许没有一个男人会受得了这样跋扈的女人，即使她再有才。他宁肯放下自尊与小姐同居，也不肯接受这样一个有才华的女人。

为了挽救婚姻，P 的妻子生了这个孩子。她心里清楚，再遇不到像 P 这样对她百般呵护的男人。

女人用孩子留住婚姻，这个砝码能有多重？

男人偷吃了一次，又能耐得住多久？

女人挥霍掉了男人对她全部的爱，以为被男人追求了十年，她便有了挥霍的资本。男人把心爱的女人泡在蜜罐里，几乎将她溺死，等女人从蜜罐里爬出来变成了魔，他又吓得躲到妓女的怀里……

一场婚姻走到尽头，都有数不尽的因果。

再得宠的女人都没有挥霍的资本，再优质的男人也有经不住的诱惑。

十年追求也好，十年婚姻也罢，不懂得付出与索取、珍惜与挥霍的关系，你们的爱情和婚姻终将败给自己。

白色情人节，至死不渝

2月14日情人节那天，男孩给女孩送礼物（一般为巧克力）。经过一个月的小思小虑，到了3月14日那天，如果女孩回赠男孩礼物（一般送花），就表示女孩认可男孩，可以谈恋爱了。3月14日就是白色情人节。

为何把情人节定义为白色？总觉得苍白。

原来白色源自一个悲情的传说。

相传，公元三世纪时，罗马帝国皇帝克劳狄二世在首都罗马宣布废弃所有婚姻的承诺，下令全国男子都要从军。一名叫华伦泰（Sanctus Valentinus）的神父没有遵照这个旨意而继续为相恋的男女举行婚礼。事情被告发后，华伦泰神父被罗马政府逮捕，最后在公元270年2月14日这天被送上了绞刑架。而就在一个月后的这天，3月14日，这对获救的恋人宣誓恋情将至死不渝。为纪念这天，便把3月14日定为白色情人节。

无可考证的一个传说，但只要悲情唏嘘便是个好故事。

至死不渝的恋情令人感动，冒死为恋情做见证，更难能可贵。

白色情人节，既是情人的节日，又透出一丝凝重，还真纠结。

相比2月14日情人节的浓烈，3月14日的故事该是一份肯定和延续。

若这一天收到了对方回赠的礼物，皆大欢喜。甜蜜约会的日子，还有浪漫、小惊喜、奢侈品……应有尽有，要忙到腾不出空闲的手来抓了。

除去 2 月 14 日的情人节、3 月 14 日的白色情人节，其实一年里每月的 14 日都是一个情人节，它们各有各的来历——

1 月 14 日 Diary Day 日记情人节

2 月 14 日 Valentine's Day 传统情人节

3 月 14 日 White Day 白色情人节

4 月 14 日 Black Day 黑色情人节

5 月 14 日 Yellow & Rose Day 玫瑰情人节

6 月 14 日 Kiss Da 亲亲情人节

7 月 14 日 Silver Day 银色情人节

8 月 14 日 Green Day 绿色情人节

9 月 14 日 Music & Photo Day 相片情人节

10 月 14 日 Wine Day 葡萄酒情人节

11 月 14 日 Orange & Movie Day 电影情人节

12 月 14 日 Hug Day 拥抱情人节

所以说情人最幸福，每个月都有他们的节日。

成为情人的乐趣又远不止这些。

男女热衷恋爱，历久不衰，总有原因。

感情笃定就不必拘泥于情人节，若是开端，任何情人节最好都不要放过。五花八门的情人节，暧昧男女趁热打铁，付诸行动，总会有意想不到的收获。女人常常是在情人节里沦陷的。

渴婚男人

Z，未婚，60后，正是男人的渴婚年龄。某次聚会他对一位三十出头的女人一见钟情，即刻向她表白。女人有些介意十几岁的年龄差距，对他婉拒。Z不服气，他对女人说："告诉你吧，你是我想追求的女人当中年纪最老的一个，我以前的女朋友都是二十多岁。"

女人劝他可以继续再找二十多岁的。

Z无奈地说："我可以找二十多岁的，只是我觉得太累，不想找。找年轻姑娘又当爹又当娘的太累，还是找三十多岁的好些。"

要让60后的男人悟出这个道理，没有亲身体验恐怕无法理解。

Z从此锁定三十岁女人为目标，继续寻找。

不久Z遇到了一位三十四岁的外企白领，男人即刻又展开攻势。

初次约会，Z问起女人的工作，女人答在索爱公司。

Z又问："索爱是什么？"

女人有点哭笑不得："不会吧，你连索爱都不知道？"

Z答："是家工厂吗？"

女人淡淡地答："是手机！"

之后约会就没了下文。年龄的差距不算什么，只是有了代沟就比较麻烦了。

朋友劝Z不妨试着接触四十出头的女性，或许会多些共同话题。

Z坚决不屈就,"四十岁的女人还能要吗?三十多岁的我还嫌大呢。想当年我年轻的时候跟著名导演F追同一个女孩,结果那女孩喜欢我,当时把F导演气坏了,他一直嫉妒我,到现在见着我还忘不掉这事呢!"

男人提起当年的时候,底气再足终归是当年。女人在意的决不是男人的当年,而是男人的当下。

Z论条件有车有房,样子又不丑,论理找个女人结婚不难,只是他高估了自己的品位,执意要为他的品位匹配一个女人。

优秀的女人看重男人的品位,只是把"索爱"当成工厂的男人终叫人泄气。

60后的渴婚男人需要的不是品位,而是正视自己的当下。

冲动是魔鬼

男女关系不管是推进还是转折，是进是退，似乎都由这两个字主宰——冲动。

小薇谈起她的婚姻，感慨道："当初结婚真的很冲动，我们认识也就三个月就结了，现在想想还真是太不理智了。"

小 K 说起离婚的事，还有些揪心："当时我们两地分居，很少见面，我也年轻，光想着挣钱，没顾到她的感受。当初很冲动，她提出离婚，我一生气也离了。孩子现在上小学，我也没见过几面……"

从结婚到离婚，似乎"冲动"始终扮演着决定性角色。这个角色像魔鬼一样，主宰了一切。

冲动之后，往往都是紧跟着"后悔"二字。

小薇接着说："现在真有些后悔，如果能再接触时间长些，可能能了解得更多。这婚结得还是有些草率，我们有许多地方并不合拍。"

小 K 则说："后悔肯定是有的。但当时年轻啊，不能想明白一些东西。但现在也不能重新回头了，只能总结经验教训吧，懂得以后怎么去维系一个家庭。"

冲动的时候，即使扮成魔鬼也在所不惜，因为冲动了，根本控制不住自己。冲动过后的冷静期，人才开始慢慢降温，慢慢厘清自己的思路，才觉得自己做了一些头脑发热的事。

有人调侃道：冲动是一副手铐，也是一副脚镣，是一服永远吃不完的后悔药。

人在情绪失控的时候，是可以试着让自己冷静下来再做决定，马里兰大学医学院博士 JOHN C. REED 指出："每个人都掌握基本的自我调节技巧，只是没有使用，从根本上说，就是找到自己的方法，让身体感觉良好。"

当你遇到压力遭受很强的焦虑情绪时，是可以通过一些方法让自己冷静下来的。

REED 博士提出了四种方法：

一、关注呼吸。

通过加大呼吸，调整呼吸节奏来让自己的情绪平缓。呼吸要深并慢下来，释放出胸部的压力，慢慢让自己放松。

二、接触朋友及爱的人。

朋友的鼓励和拥抱都能缓解情绪，不要急于做决定，可以多与朋友倾诉。REED 指出："这种方法能创造一种社会联系，帮助你管理情绪，能刺激荷叶催产素，这种荷尔蒙能帮助免疫系统更好地运作，让肾上腺保持冷静，释放大脑压力。做 SPA 和按摩也有同样的效果。"

三、让身体动起来。

REED 指出，运动能将身体中与压力有关的化学成分排掉，以此来调整焦虑。

四、关注身体发出的警告信号。

通过倾听身体及思维给我们的暗示，更易于找到平衡。在某种程度上，需要建立属于自己的安静时间及放松时间。要应对压力，必须学会集中注意力，意识到压力的存在，关注身体和大脑发生的变化。REED 说："现代社会的挑战总让我们接触到坏事情，消耗掉我们的应激反应。"只有关注自己身体的变化，才能意识到你是否已处到冲动的边缘。

不管是通过无意识，还是有意识的略加练习，每个人都能找到自我调节情绪的方法。事实上也没有人喜欢一直处于冲动、紧张的状态中。做个冲动的魔鬼，暴戾，不可一世；不如做个冷静的天使，泰然，不疾不徐，一切尽在掌握。

当魔鬼的滋味，逍遥一时，却也要付出不容小觑的代价。

天使只需美美地挥挥翅膀，幸福便像春风拂面般，悠然自若地吸引过来了。

越难猜，越特别

胸怀与胸围的故事

男人不屑地对女人说："你的胸怀就跟你的胸围成正比，A 罩杯就是小心眼，你要是个 B 罩杯心胸还能宽点。"

男人提出了一个很有见解的理论——女人胸怀与胸围的关系。这个理论恰好解释了时下男人为何越来越追逐大胸的女人。原来 A CUP 的女人最小气，C、D、E、F……CUP 的女人自然心胸逐渐宽广。小气的女人不会有人喜欢，心宽的女人当然人见人爱。

听到一个有趣的故事。一个男人同时跟三个女人交往，三个女人他都爱，可最终他决定选一个最好的做老婆。他决定给她们三个女人同样一笔钱，看她们如何花。第一个女人把钱全部存起来；第二个女人把一部分钱存起来，另一部分给男人买了衣服；第三个女人全部把钱花掉。

听故事的人自然会替男人来一番选择，当然不能选那个把钱花光的女人，不会持家；也不能选那个把钱都存起来的女人，不懂花钱的女人过于保守；看来选第二个女人应该比较适合，既懂得节俭，又会生活……故事结果却是这样：男人最终选了一个胸围最大的女人。

听故事的人哑然一笑，男人是动物，当女人是植物的时候，他自然会嫌弃。

小美去做了隆胸手术，夏天穿裙子的时候终于有了乳沟。几年都没有追求者的她，一下子多了好几个选择，她选了其中一个最帅最有钱的男人。周围担心她嫁不掉的朋友都为她松了口气，送上祝福。

三个月后小美恢复了单身，朋友都觉得意外。他们曾经恩爱到吃饭都要手拉手，接吻更是随时随地，为何突然分手？

小美说："他开始真的很喜欢我，他说我的身材是他见过最好的，可三个月后他问我为什么不会叫床，他说没有性高潮的女人他接受不了……"

男人不屑地对女人说："有40%的女人终生没有性高潮，没想到你就是那40%里的女人，真不幸让我遇到了。幸好我还没跟你结婚，结了也得离。"

男人的另一个理论就是——没有性高潮的女人，结了也得离。这个理论恰好解释了时下越来越高的离婚率。没有性高潮的女人在男人看来和充气娃娃有什么区别？在床上不温不火的女人不会有人喜欢，会叫床的女人自然人见人爱。

小美要嫁得出去，光隆胸是不够的，朋友劝她模仿也是硬道理。看过了几张碟片之后，小美充满希望地说：原来叫床也很简单……

男人对女人说这些理论的时候，不管他阐述的理论多有见解，他对你的爱都是不屑。

热闹又脆弱的朋友圈

Z 五十来岁,老公是银行高管,女儿在国外上大学,家住二百平米的房子,在外人看来,她绝对称得上是人生赢家了。最特别要提的是她永远年轻的心态。看她的朋友圈,你不会想到她已五十有余,她是一个把每天都当成最后一天活的人。每天的生活都要安排得不枉此生才罢。

她常跟身边的朋友说:"不瞒你们说,像我这个年纪,追我的人还不老少,还都是 80 后的小伙子。"这话真能把周围单身的姑娘们气晕过去。可 Z 就是有这个本事,谁叫人家爱玩、爱美、爱生活。

朋友圈里总能见她的各种朋友聚会的美照,点赞一片。她也喜不自胜道:"他们都评论说我的合影像高圆圆,我开始还以为他们说我女儿像呢,可我女儿确实不像高圆圆,那只能说的是我啊。"

女人能有这样的心态,年轻的时候不稀奇,这个年纪还有如此斗志,不得不令人刮目相看。

当然朋友间也有对她微词的:"别看她成天在朋友圈炫富,吃饭永远跟你 AA 制。"

Z 却有她的道理:"AA 制是最科学的交友方式,不想 AA 制的才是最爱占别人便宜的。"

最近见她,却发现她皱纹丛生,疲态尽显。问了才知,她女儿正准备结婚。这等喜事为何她要闹心?原来女儿找了个老外,刚认识就把工作辞了,搬去跟人同居了,把这个当妈的气得七窍生烟。

"你这么现代,怎么对女儿就不能包容了?"对 Z 的大动肝火有些意外。总觉得像她这样的辣妈，怎么只许自己辣？

"我不是对女儿不包容，我是对那个介绍人来气。我是托她给介绍，但你也不能介绍个流氓给我女儿，出了事谁担责任？" Z 气愤道。

"怎么会是流氓？"

"一见面就把我女儿骗去同居，这还不算流氓？！"

"这也不怪介绍人吧，你女儿不同意，谁能逼她去同居？"

Z 愤愤不平道："我女儿平时很乖的，她怎么可能跟人家同居，她连男朋友都没交过呢！都怪那个介绍人，亏我们认识那么多年，真把我女儿给害了！我现在跟她断交了！"

这个话题只好戛然而止，若再谈下去，恐怕她也要翻脸了。

曾经在朋友圈里见过她女儿的照片，经常是吊带裙露着乳沟的性感样子，真没想到竟是连男朋友也没交过的。

后来的故事是女儿最终跟那个老外结了婚，Z 还是跟那个介绍人断了交。朋友圈里的美照依然多，更多点赞的是为她女儿那个迷人的老外……从此 Z 往返于北京和纽约之间，过着空中飞人的生活。

再后来听说她的高管老公被派到重庆，分居两地的生活令她有些抱怨。

再后来听说她也去了重庆，再不跟去，总有些提心吊胆。

再后来的后来，很少看她发朋友圈了，那些聚会的美照也慢慢销声匿迹了。

不知何时，朋友圈成了一个秀场，稍有不济时，那个秀场也黯然无光了。

几年后，在北京某餐馆意外碰到她，正跟两个年轻姑娘热聊。无意间的四目相对，她看人的眼神已完全陌生了。没有朋友圈的了解，我们已陌生得如同路人。

Z 边吃边向姑娘们展示女儿在美国的照片，引得啧声一片。姑娘马上要加她微信，称必须要点赞。原来，那个秀场还在，只是她把你早早踢出了那个秀场。

有时一句话不对味，立场稍有偏差，你就有被拉黑的风险。这样脆弱的朋友圈，还是早早远离得好。就把那些舍不得放手的虚荣和自妄都留给那些秀场吧，圈子不同，何必强融？

女人，女人

女人之间是容易嫉妒的，而当女人遇到一个跟她喜欢同一个男人的女人时，她们之间的关系是最微妙的。

如果男人不选你，却选她，那你对那个女人不会只是嫉妒，简直就是恨。

如果男人不选她，选了你，那你对那个女人又有些抱歉，又有些得意。

如果男人既不选她，也不选你，那你对那个女人会有一种特殊的情意：有点同命相怜的叹息，又有点惺惺相惜的眷顾。

你们被同一个男人抛弃，同命相怜；你们爱着同一个男人，所以惺惺相惜。

两个最要好的女伴常说："如果我们爱上了同一个男人，怎么办？"

另一个一定会说："你是我最好的姐妹，我不会跟你争的，我让给你好了。"

天真的女人总觉得她们要好到会爱上同一个男人。她们太相似了，所以一定会喜欢同一类型的男人。

男人却少有这样的烦恼，不同类型的女人对他们才更有挑战。

两个姐妹爱上同一个男人，等男人做出选择后，她们会由姐妹变成仇人。只有男人能令两个最亲密的女人反目。

女人之间容不下对同一个男人的爱。不管她比你年少年老，不管她与你多要好，她决不会与你分享同一个男人。

其实女人并非要为难女人，只是为了自己对爱的占有，不得不为。在爱情面前，只有自私，没有谦让。

可是当爱情远走了，臭男人消失了，两个不知为何打得头破血流的女人又会辗转释怀。当爱情消逝，友情再次回来，便是弥足珍贵。

两个女人抱头痛哭的一瞬，她们才懂得爱情并不是感情的全部。

一道哭，一同骂，再一起笑的两个女人，更能体会友情的可贵。

只有女人不挑剔你的脸蛋和身材，只有女人不计较你的过去，只有女人不带目的地请你吃饭，只有女人会为你发自内心地难过，只有女人会跟着你一起痛哭和怒骂，只有女人会陪你不知疲倦地血拼，只有女人会耐心地听你唠叨琐事，只有女人会无条件地帮你，只有女人会在你一无所有时给你最深的拥抱……

越难猜，越特别

不是他滑头，只是你笨

经常有女孩子抱怨，男朋友不愿见她父母。

不愿见你父母的男友，其实是可以 PASS 掉的。你留恋的结果，只能是浪掷时光。

不愿见你父母，就意味着不愿让别人见证你们这段爱情。因为一旦见证了，分手起来就会比较麻烦，不是简单地跟这个女孩分手，可能还要面临家庭的责难和压力。

鉴于这一点，聪明的男人何必自讨苦吃。

可女孩子总是心软，她们一次次等待机会，一次次说服自己：总会有那一天的。

可直到分手，她都没能等到那一天。

如果你有一个心仪的男朋友，考验他的最好方法不是让你身边的美女诱惑他，而是让他见你的父母。

如果他接受，那么恭喜你，你们的感情经受了考验。

如果他拒绝，那么别气馁，你也可以去另觅新欢了。

恋爱不等于婚姻，即使恋爱中见了你父母也并不意味着以后你们能走进婚姻，只是恋爱是婚姻的前提，第一步都不肯走的话，那你们又如何走下一步？

曾经一个男人这样说："我不是不想见你父母，是我没买到合适的礼物！"

　　那时你觉得他真是个滑头的男人。

　　其实不是他滑头，只是你笨。

如鱼得水

男人都喜欢熟女。

即使他刚刚交了一个如花似玉的少女做女朋友，他仍然会喜欢丰乳肥臀的熟女。

成熟的女人对他们有着致命吸引力。

K 交往了一个小五岁的女友 M。K 自己做公司，打拼多年。女友 M 大学毕业刚工作一年。两人交往七个月之后，K 提出了分手。

理由是："你太不成熟了，我还是喜欢成熟一点儿的女人。我已经是院士级了，你才刚刚小学毕业，咱们差距太大了。"

确实无论从心理到生理，M 都与 K 差距较大。成熟度的不匹配，成了分手的重要原因。

一年之后，K 与一个小他十岁的刚刚大专毕业的女孩 J 结婚了。

他向前女友 M 报喜。

M 奇怪的是，K 不是喜欢成熟一点儿的吗？怎么又找了个小十岁的？

身边的朋友这样评价 J：

她很漂亮，人堆里很扎眼，模特身材，所有人都以为她是明星。她在 K 的公司上班，想来就来，来了就是在 K 的办公室打闹。她每月跟 K 要几千块钱打扮，不是名牌决不穿上身。上大学的时候就有一个有老婆有孩子的大款男友，车接车送，现在还背着 K 与大款来往。有一次她公然在办公室与客户调情，被 K 当众扇了一耳光……

这个故事，还真有些传奇。

K 跟 M 炫耀与娇妻的恩爱，说他们在那方面和谐得如鱼得水。

原来男人喜欢熟女，生理大于心理。

原来男人所谓的成熟，指的是如鱼得水。

越难猜，越特别

男人女人的友谊

男人女人之间当然有友谊，当你与某个异性成为"哥们儿"的时候，你们的关系便称之为友谊。

只是当男人女人结成友谊的时候，男人的老婆大多是耿耿于怀的。

萌萌给哥们儿的孩子送去了可爱的衣服和小鞋子，谁知哥们儿的老婆不干了，一口认定两人有婚外情，只嚷着要与男人离婚。

小菲跟哥们儿约好了一起参加大学聚会，他们短信约好在以前聚过的"老地方"碰面，谁知哥们儿的老婆看到了这条短信，哭着喊着要男人交代"老地方"的由来，认准了小菲就是狐狸精。

莉莉把跟哥们儿的合影照片寄了过去，谁知照片就落在了哥们儿的老婆手里，照片被当场撕毁，男人被一通乱骂，一整晚都在与老婆解释与莉莉的关系……

男人女人的友谊会在某一刻变成一种负担，就像那张精美的窗户纸，贴上的时候是锦上添花，捅破的时候，整张都毁于一旦。

友谊经不起解释，越解释成为负担的可能性就越大；可不解释，就当你心虚默认。

两个单身男女的友谊最经不起维持，时间久了，要么成为情侣；要么渐行渐远，君子之交淡如水。

已婚男女的友谊最冒险，当各自的伴侣不尽如人意时，两颗暧昧的心最易撞出火花。

一方单身一方已婚的男女，他们之间的友谊最有趣，明明单身时都看不上对方，结婚后更是如视同性，却被认为是最易出轨的友谊。最委屈的是单身那方还要背负第三者的恶名……

男人女人的友谊就像小孩子的过家家，高兴时就是过家家，开心就好；不高兴时，不跟你玩了，还是找个爱人比较重要；落寞时，玩过家家也是打发时间；悲伤时，借个肩膀，演一出哭戏；认真时，就在游戏结束后说：其实我对你是认真的……

男人女人的度量成就一份友谊。友谊与爱情时而关联，时而对立。友谊升华为爱情是关联；友谊与爱情对立时，爱情是自私的，友谊却是大度的。

女人心

女人之间的关系要比男女之间的关系简单，又要比男人之间的关系复杂。

男女之间是要掺和经济关系、肉体关系的，好与不好，都会因为这层关系扯不断理还乱。

男人之间则比较干脆，要么把酒言欢、肝胆相照；要么你争我夺、鱼死网破。拿得起，放得下，从不拖泥带水。

女人之间总要复杂些，纠结些，模糊些。

两人处得好，合得来，久之成了闺密。不是情人，又胜似情人，是为闺密情。

两人处得不好，话不投机半句多，那么暗藏杀机，背后做尽文章，老死不相往来。

两人处得不好不坏，不痛不痒，则见面点个头，高兴时笑一下，不高兴连打招呼也省了。这种关系倒也简单。

最复杂的关系要数你们还算合得来，也聊得来，但说是闺密又总差了一点点，但是定义成一般朋友似乎又不止于此。那么故事就来了——你们关系融洽时，可能再努力一下就是闺密了；关系因一件事稍紧张时，有可能随时就撕破脸了。

这种关系总是最危险的。

因为之前关系不错，你俨然已将她当作知己了，说了太多私密的话。但一件事没处理好，现在关系紧张了，她已打算将你列入黑名单了，那么之前的秘密呢？她随时可以将你出卖。你开始后悔，当初为何不能火眼金睛，将她早早看穿呢。

谁都没有这样的火眼吧。

女人面对女人，又不是非把你娶回家，谁都犯不着把对方看穿。只求合得来，做个有谈资的女伴儿，这就足够。至于你们是不是真能走到闺密这条路，一样不必刻意。凡是刻意讨好来的感情，不论男女，都不够真实。

女人之间是否好相处其实是很好判断的。如果她对你不满，她一定不能强忍着一直不说出来。女人通常都是管不住自己的嘴的。她对另一个女人的不满一定先从衣着上来。

当一个女人挑剔你的穿衣打扮时，那就意味着她对你开始不满了。

有人直爽，她的挑剔可能没有恶意，她真的实在看不过去你过于邋遢的衣着，那么这是底线，不必深究。

如果你自认为是个爱花心思打扮的女人，而仍被别的女人挑剔衣着品位时，那么这就是预警，她是明着告诉你，她已经对你印象不佳了。这时的你，也不必再迎合讨好了，因为她早看不惯你了。

这样的预警权当是善意的提醒吧，有些话不明着说才有回旋的余地，那么就给她这个回旋的余地，你们仍可以做个面和心不和的女友，高兴时聊个八卦，不高兴时连招呼也不必打了。

女人心，海底针。女人之间最矫情，最啰唆，最婆妈，最八卦，最无足挂齿，又最兴师动众……唉，谁叫她们是女人呢。

越难猜，越特别

爱上浪漫

有一个并不新鲜的浪漫桥段。讲的是男人在地铁里遇到一个一见钟情的女人，正欲搭讪，女人却下车走了。男人为了寻找这个令他朝思暮想的女人，便创立了一个网站，把她的容貌打扮画成素描刊在网站上，呼吁好心人能帮他找到这位梦中情人。网站开张四十八小时之后，热心人就为他找到了这位一见钟情的褐发女孩。媒体立刻报道了这个浪漫故事，称他们是郎才女貌的一对璧人。

一个浪漫得像小说一样的故事，只是故事的结局并不浪漫。

两人约会了两个月之后，便止步不前了。女孩说：""现在我们只是朋友，我很高兴人们喜欢这个故事，它已变成我人生的一部分，我认为当时整个气氛热烈，把我们绑在了一起……令你错以为比事实中更加浪漫，我不知是不是这样，但现在我要放弃它。"

女孩强调她很享受现在的单身生活，二十二岁的她正欲走上演艺之路……

故事讲到这里，那个痴情男人的形象却始终挥之不去。他以为遇到了一份浪漫情缘，没想到刚走到灯火阑珊处，那美妙的灯光就倏然黯淡了。

女孩也以为自己幸运地坠入一份突如其来的浪漫情缘中，只是很快她就生厌了。原来她只是爱上了这份"地铁情缘"，却对"地铁情缘"

中的男主角并不感冒。戏演了两个月，那个浪漫光环渐渐褪去的时候，她就再也演不下去了。她是喜欢演戏的，并立志要走上演艺道路，可这个银幕之外的戏对她来说演上两个月就已足够了。

一见钟情的故事演绎了两个月，终以失败收场，痴情男人一无所获，一见钟情的女人却因此获得肥皂剧《当世界在转时》和电影《欲望都市》中的两个小角色。

也许一颗新星正冉冉升起，如果真有一天新星成长为巨星，她会感谢当年那个对她一见钟情四十八小时网络寻人的痴情小伙吗？

浪漫情缘来得容易，但如果你钟情的对象只爱浪漫不爱情缘，这段情缘只会抱憾告终。

越难猜，越特别

喜欢这种感觉

很喜欢这种感觉——可以对他不客气。

在他面前，你不用装淑女、假正经，不用扮美丽、装可爱，不用柔声细语、笑不露齿，不用谨小慎微、患得患失。

你想指挥他，抓起电话就命令。

你不开心，找他大哭一场。

你失业，让他为你找工作。

你喜欢上了一个男人，向他讨教虏获男人的方法。

你被男人抛弃，他安慰你："梦中梦到你们分手，是个好梦，这个男人不值。"

你生气，朝他发脾气，拿东西摔他，他边挡边说一定要把你嫁出去。

你捉弄他，翻他的抽屉，想要什么拿走什么。

你出了意外，电话打给他，他一定来。

你向他借钱，不用写欠条。

你为心爱的男人打扮，他告诉你："还是穿裙子好看。"

你失恋了，他替你骂那个男人，也说你的不对，再请你吃最爱的海鲜。

你无聊的时候，就爱找他索要礼物，只要属于他的东西，你都想要。

你好奇地向他打听情史，他给你讲每个女友的故事，毫无保留。

你夏天碰到他,他挑剔你领口太低。

你戴上新买的超大耳环,他问你沉不沉。

你闷闷不乐,他给你讲笑话,你要他一直讲下去。

你的电脑坏了,要他修;相机坏了,找他借;偷看他的短信,他不恼……

他也有生气的时候——你抢走他送给情人的礼物,你把香蕉皮扔到他身上,你要开他的车他不肯……他生气的时候,你仍可以对他不客气,临走时你还要拿走他的水果……

你有喜欢的男人,不是他。

他有喜欢的女人,不是你。

你却可以对他不客气,喜欢这种感觉。

将膝盖献给 90 后

小木在公司里只跟两个人搞好关系：一是她的顶头上司，这自不必问，得罪顶头上司，出了事谁替你撑腰；二是她的闺密同事，负责陪她吃饭、八卦、闲聊、逛街……打发无聊的工作进程。

有了这两个人，小木觉得足矣，至少她在公司一不孤单，二有了靠山。

那么除此之外的人呢？

她当然不会看在眼里。

比她大几年的，总有些倚老卖老，她不服气；跟她年纪差不多的，难免又会攀比，有一个闺密解闷就够了，多了她真应付不过来；比她年纪小的，似乎只有一两个，她才工作两年，比她晚来的，当然资历更差，根本不放眼里；比她年纪大很多的，她又觉得代沟太明显，高兴的时候叫一句老师，不高兴的时候连头也不抬，迎面走过视而不见比较好。她一向认为老女人难搞，所以遇到老女人，她会奋起挑战，至少嘴皮上不能软，否则被她们欺负了多吃亏。

那么接下来，问题来了——

比她大几年的，觉得她骄傲自负；跟她年纪差不多的，觉得她不合群，孤芳自赏；比她年纪小的，觉得她高高在上，难以接近；比她年纪大很多的，觉得她没礼貌，素质过低……一堆负面消息朝她涌来时，她自有办法，当然是找她的顶头上司。

顶头上司跟她爸爸同龄，她把对付爸爸那套撒娇本领都用在他身上了。效果出奇地好。领导五十多岁，平白多了一个会撒娇的女儿，每天乐不可支。公司组织出去郊游，二人父女档，形影不离，照顾有加。甚至同吃一桶爆米花，同吃一桶冰淇淋，也没人觉得突兀。

能跟上司处成这样的关系，自然透着情商高。

待有人说三道四时，立刻她又投入到闺密的怀抱。我还是那个满腹心事要找人倾诉的少女。我才二十几岁，我可没那么多心机走高层路线。大多的时候，我真的是很傻很天真的……

小木无辜又清澈的大眼睛忽闪忽闪，叫人看着心生怜爱。

这便是无敌90后。

曾有位文学圈的经理人，辞职后开创了一个新的APP，想做一款为电影和书打分的移动互联网工具。他的创业心得便是：拥抱90后。在一年的创业期里，他早已"将膝盖献给90后"了。

他认为当下90后才是社会的主流，他见了上百位90后网络红人，得出这样的结论：90后的人生态度、说话方式、美学观念，比如小鲜肉之类的才是主流，自己成了非主流，已被时代抛弃了。

"我有种强烈的不安感，我必须要去拥抱90后，去理解这个时代的美学，理解这一代人。"

他把创业的动力都归功于90后身上，自认为跟90后交流多了，看待以前关于自己的负面新闻也不以为然了。"骂就骂了呗，身在江湖哪有不挨刀，大家都挺不容易的……"

这位70后创业者从90后身上吸收了大把的正能量，甚至直接影响了他的创业。他调皮地比喻自己是穿着比基尼游向90后。

无敌90后正如TFBOYS的歌中唱道："青春有太多未知的预测，成长的烦恼算什么，装乖耍帅，换不停风格，想说就说，想做就做，为了明天的自己鼓掌，向明天，对不起，向前冲，不客气……"

越难猜，越特别

多年前，冯小刚有句名言"我把青春献给你"，如今是否要改成"我将膝盖献给90后"才更应景。

有位天使教父投资人声称：你不可能和90后挤在创业的独木桥上还能顺利地通过。

那么还等什么？不管你是60后，70后，80后，赶紧穿着比基尼游向90后吧。

只要你觉得幸福

璐璐提起她的男朋友,带着一点点情绪。她不介意他离过婚,只介意一点:"他从不赞美我。"

好吝啬的男人。他可以为她花百万买楼,却不肯说一句赞美。

我可能不会选这样的男人,即使他再有钱。

女人大多都是感性的,她有时就靠男人的赞美活下去。从不赞美女人的男人,不知是从哪国来的。难道他们的基因中偏偏缺了一种能对女人赞美的特质?

璐璐接着说:"他只会抱怨。"

吝啬赞美的男人,却热衷抱怨。

抱怨她不会做饭,不够温柔,不会喝酒,事业不佳,胸部不够大……

好小气的男人。吝啬自然就会小气,他喜欢跟女人斤斤计较,多块肉少块肉的事,在别人眼里过得去,在他眼里便是天大的事。

男人通常都讨厌怨妇的,可女人为什么能包容怨夫?

也许吃人嘴短,住了别人的楼,当然就要包容为你买楼的人。

我不可能劝璐璐跟他分手,一人一种活法。有人选择金钱,有人选择赞美;有人选择物质,有人选择精神。

选择金钱的,嘲笑选择赞美的;选择精神的,又看不起选择物质的。

其实选择只是种手段,只要你觉得幸福。

越难猜，越特别

不要跟他辩论

饭局上，几对男女在讨论近期哪部电影更好看。

女人们推崇周星驰的电影，男人们则说冯小刚的电影更有看头。

一场辩论随即展开。

女人们把所有周星驰的电影都搬出来，男人们则把每部冯小刚电影的细节处都展开评点。你一言我一句，大家辩得不亦乐乎。

最后饭局结束，谁也没说服谁，大家各持己见。

分手时，男人说："幸好没娶你们这样的女人当老婆，你们也太能狡辩了。"

男人历来都有些怕伶牙利齿的女人，如果这样的女人再跟他们辩论，那么他们更有些招架不住了。善辩的女人他们不敢娶，想象每天跟一个女人为什么事都争辩一场，男人们会力不从心。

其实男人实在多虑。女人跟男人辩论只是觉得有趣，她们享受这个辩论的过程，并不是要辩个你输我赢。

男人在意的却是辩论的结果，如果败给一个女人，他们会失掉面子。

女人把辩论看成一种乐趣，一种谈资，一种聊天方式。

男人则把辩论看成一种挑战，一种交锋，一场较量。

因此他见不得女人的锋芒盖过他。能与他辩论的女人，他把她看成对手，而不是一个谈情说爱的对象。

男人有时是头蛮牛，他是经不起你扔过红盖头来辩论的。

恋爱中的女人切记：做个不与他辩论的小女人，才能更俘获他的心。

窝边草

一个圈子聚会，男男女女十几个人。

两个男人在席间悄悄闲谈。

一个男人问："你猜这桌女的，有几个跟我睡过？"

说完伸出两根手指。

另一个男人反问："那你猜这桌有几个女的跟我睡过？"

说完伸出三根手指。

男人之间的对话，女人还是不听为好。就像你想吃一道菜，有人端到你面前，你却吃出了苍蝇。免费奉送有苍蝇的美食，不吃也罢。

闲聊私密话题，女人是为了分享，男人是为了炫耀。

男人不爱聊家长里短的，女人和性是他们唯一的私密话题。性伴侣的个数也是他们赢得体面的重要资本。

喜欢炫耀的男人，在女人面前却懂得收敛。他们思维敏捷，决不说值得推敲的话，也决不会把性伴侣和女朋友混为一谈。他们人前回避你，没有人知道你们相熟；人后追求你，没有人知道你们相恋。

在这样的男人面前，女人总是犯傻。她们总以为当了他的性伴侣，就等同于做了他的女朋友，殊不知，你只是他席间闲聊时，伸出的若干手指中的一根。

女人永远搞不清楚男人性伴侣的个数。男人只肯告诉你，有时喜欢吃中餐，有时喜欢吃西餐；有时喜欢吃正餐，有时喜欢吃宵夜；有时喜欢吃面食，有时喜欢吃甜点……他喜欢吃中餐时，恰好遇到你，喜欢吃西餐时，你就再也找不到他了。

了解男人的口味，有点出力不讨好，你又不可能为他做出这么多花样的菜，还不如不问。

最得不偿失的女人是喜欢研究男人口味的女人。今天为他做川菜，明天为他做粤菜；前天为他做烧烤，后天为他做煎饼；第一天为他做美式牛排，第二天为他做日本料理……只要男人想吃，你就变着花样为他做。你什么都会做，什么都做得不地道，男人嫌弃你腌臜的厨艺和油烟味，直接另起炉灶。

女人不辞辛苦地做厨娘，又有几个男人会爱上油腻腻的厨娘？

男人雄性动物的本能，让他们难以抵制猎物美食的诱惑。最差劲的男人是丧失捕猎能力的男人，他们没别的本事了，就吃窝边草。

吃窝边草本也无可厚非，手到擒来的便宜谁都想占。最怕的是，他吃惯了，便要不停地吃下去。

他们最得意的一幕是：看到几个他睡过的女人坐在一起闺密来闺密去，却没有一个人知道她们睡过同一个男人。

最得不偿失的男人是吃窝边草的男人，他们冒着声名狼藉的危险，在做一件对他们来说像吃饭一样简单的小事。

女人的无奈

老婆通常的角色都是埋怨老公的。

"我老公别提了，懒死了，在家什么都不干，什么都要指着我干。"

"我老公更懒，回家就往沙发上一躺，从来不做饭。"

"我老公也不怎么样，什么都要管我，这不让我买，那不让我买，可烦了。"

"我老公更差劲，跟他结婚到现在还没陪我逛过一次商场，你说有这样的吗？"

"这算什么呀？我老公根本不回家过夜……"

女人们越说越难过，越埋怨越气短，越想越觉得过不下去……可让她们离婚，她们又都不肯。

"都老夫老妻了，还离什么婚啊。"

"是啊，只能凑合吧。现在离了婚，你上哪儿再去找？"

"就算再找一个，可能还不如现在这个呢。"

"离了婚，谁养我啊，他在外面花就让他花吧。"

"我只求他没染上病回来，就谢天谢地了。"

……

埋怨的背后是无奈。

多少女人要承受无爱无性的婚姻，都是出于无奈。

这种无法改变的无奈，女人只有靠埋怨发泄了。

男人也有无奈，只是他不靠埋怨发泄，他靠别的女人。

一个怨声载道的家庭之所以能维持下去，多半背后还有另外一个女人。这个女人也有无奈。既不能埋怨，又不能靠男人，这是她最大的无奈。

越难猜，越特别

征婚启事

某征婚启事这样写道：

刘先生，某公司首席编剧，文财兼备，北京男子，有车有房，家中独子，年薪百万，热爱旅行，现征集老婆一枚，需各位贵宾踊跃推荐，望年前结婚！如刘先生与某女成为夫妻，其友愿捐现金十万美金作为贺礼，生孩另算……

这则启事，还真有点重金悬赏的意思，看得人跃跃欲试，恨不能马上交出人选，拿钱走人。

这个当下，连相亲都要靠悬赏了。

没钱寸步难行，别说娶老婆，连红娘都要喂饱了才行。

有钱就是任性，我就不信出十万美金，好姑娘还挖不出来。

有钱人站出来说话了，十万美金算什么？我出五百万！

中国企业家单身俱乐部最大方的会员出资500万征婚，创中国高端猎婚之最。其择偶条件为：20~26岁，1米62~1米70，50公斤以内，学历专科以上，家境简单，形象美丽，身材匀称。

听着这些条件实在有些普通，够这些条件的姑娘中国应该有几亿了吧。为何还要出资500万悬赏？

别急，最后一条是要重点介绍的——除此以外，要有纯洁之身，即没有恋爱经验的处女。

原来500万只为买一处女之身，此富豪果然大方。

20～26岁的姑娘，还能为没有恋爱经验的处女之身，这就有些限制了，至少挤掉了一多半的姑娘。许多姑娘冲这500万也要挤破头去医院做个修补手术。

此富豪若不幸中了招，他是否会为这500万心痛？

只要有钱，征婚启事当然可以乱写。

女人也不是省油的灯，兵来将挡，水来土掩。

你可以随意任性地开出条件，我也可以千方百计地满足条件。只要能成，就是缘分。

男人只有上了当之后，才四处打假，"假的，假的，脸是假的，胸也是假的，连年龄也是假的！"

女人嗤之以鼻，"真的，你也看不上啊。"

这年月，男人女人都不傻。在征婚这条路上，男人女人谁也不服谁的。

越难猜，越特别

现实的男人

一对男才女貌的恋人，相恋三年，感情深厚。唯一美中不足的是分居两地。

男人女人为了各自的事业居住在两个不同的城市，可又彼此不能改变现状。男人定期去看女人，两人每天通一个电话。

很好奇这段感情是如何维系的。光靠打电话和偶尔见面太微不足道了。

男人却说："就是靠彼此信任，你知道自己想要的女人就是她这个样子。漂亮的女人多了，你还是要找个自己喜欢的，能一起过日子的。她就是我要找的女人。"

原来心比情坚。他认定她了。

别人的两地爱情超不过半年，他们却三年持之以恒。

能维系一段并不在身边的感情，确实让人感动。

一个偶然，发现这个男人在网上征婚交友，并明确自己单身的身份。

此举令人大为不解，他不是早找到自己想要的女人了吗？

男人分辩说："谁能保证以后什么都不会发生变化，今天你敢说明天的事吗？"

确实没有人敢说。可是如果女友知道你在网上征婚，她又会是什么感受？

男人永远比女人现实，即使他在热恋中。

男人可以一边维系多年的感情，一边又可以在网上公开征友；一边与你谈婚论嫁，一边又频繁见网友。

女人你能做到吗？

越难猜,越特别

不顾一切地跳下去

　　一个选秀节目现场,要求选手从五层楼上跳下来,选出那个动作最漂亮的作为冠军,并签约成为动作演员。

　　八个选手整装待发,只有一个选手心里打鼓,几次走上五楼都不敢往下看。第一次试跳他就哭了,导演给了他第二次机会,他还是不敢跳。第三次,他自己也不好意思了,硬着头皮大喊一声:"我要做动作演员!"便不顾一切地拼命跳了下去,划出一条笨拙的动作曲线。

　　别人跳下去都落在海绵垫上,安然无恙,他一跳却受伤了,腿落到海绵垫旁的纸箱上,当场流血。

　　越胆小的人越会受伤。胆小的时候,身体线条也跟着扭曲,动作自然会出状况。

　　人并不是一生下来就胆小的,而是在他幼年的时候得到大人的心理暗示。比如走在路上,大人会提醒孩子:小心有蛇。孩子其实并没有见过蛇,但看到大人的表情,他们知道蛇就是一种可怕的东西,是应该害怕的。所以长大后的孩子即使从未见过蛇,只要提到蛇,他们就会害怕。

　　外界堆积给孩子的心理暗示越多,孩子害怕的东西也就越多。如果父母每天在家里把玩一条蛇,孩子肯定不会把蛇当成可怕的东西。父母在童年时期对孩子的影响成就了孩子的性格和胆量。

　　许多孩子幼时在家一个人玩耍,整日不出门,繁忙的父母出于安全考虑把孩子锁在家里，这种际遇里长大的孩子多半会内向胆怯，甚至会有恐高症、自闭症。

童年孩子与母亲的依恋关系更会决定他们成年后的恋爱关系。许多不善于表达自己的人，往往是在孩提时经常被母亲拒绝的孩子。想去玩一种游戏，被母亲拒绝；想看电视，被母亲拒绝；想出去跟小朋友玩，被母亲拒绝；不想关在家里，被母亲拒绝……这种拒绝让他们学会了妥协逃避和自我否定。在他们以后的恋爱经历里就更害怕被拒绝。他们一面害怕被否定，另一面又害怕亲密，怀疑所有的人。他们不相信爱情的长久，更不相信电影和小说中描绘的相濡以沫、矢志不渝的爱情会在现实中存在……

有童年阴影的孩子最要学会的是表达，喜悦和恐惧能不打折扣地表达出来，那个阴影的轮廓就会慢慢浅淡。就像那个从五楼跳下来的选手，即使他跳得并不优美，即使他受伤了，可他仍然突破自己不顾一切地跳了下来，并大声说出了自己的愿望："我要做动作演员！"相信这一跳之后，他不再是那个胆小会哭的男孩。

突破自己的那一瞬，你才明白原来任何简单都是自己想像之后的复杂。

女人的心腹之欲

一直很喜欢妈妈做的鱼汤，那热腾腾的一盆，色泽如奶，在端出来的那一刻，香气扑鼻，倾倒众生，勾人心魄。喝上一口，大快朵颐。

妈妈的鱼汤经得住一喝再喝，那味道已融进岁月里，成了记忆中最美的赏味。

那一锅鱼汤，你不仅爱它的味道，更爱慕它的颜色——有质感的白，渗出浓浓的奶香。

奶白色，你还会想到造型别致、口感诱人的奶油蛋糕；哈根达斯入口即化的冰激凌；小时候天天嚷着要的大白兔奶糖；躲在巷口怦然心跳、香气满溢的爆米花……

大把香甜难忘的记忆都是奶白色的。

要知道这种诱人的奶白色，其实是女人脸上最好看的颜色。

——莹白如瓷，熠熠生光，经得起近看远观，经得住抚摸挑剔。

有牛奶的白，瓷器的润，这等绝妙的皮肤女人朝思暮想，仿佛拥有它，便对得起今生。

杂志刊载了90后男生的择偶标准，醒目的一条便是：要有细腻白皙的皮肤。

小男生都挑剔成这样，更何况老男人。

可望不可即的奶白色，得到就是魅惑，得不到便是折磨。

女人为了拥有这一色，使尽浑身解数：买整箱的面膜，跑美容院，打美白针，吃羊胎素，打补水针，照激光……

把自己折腾得一溜够，最后可能只落得个体无完肤。但为了美，倾其所有，在所不惜。女人的毅力都用在此了。

奶白色，可谓贪靓又贪吃。既满足虚荣心，又实实在在地填满口腹之欲。

女人的欲望就似无底洞。能占为己有的绝不放手。左手贪靓，右手贪吃，再腾不出手抓住什么时，心里还要惦记着。

女人的心思，就是惦记，是还要抓住什么藏在心里。

奶白色原来只是引子，引出了女人的心腹之欲。

处处留情

花心的人喜欢贩卖感情，卖不出高价时，他们也乐意免费。

于是有了来者不拒的女人和处处留情的男人。

花心的女人喜欢多人的宠爱，而女人天生的弱点令她们只能一次爱一个，其余的便是来者不拒。女人并不喜欢处处留情，却喜欢每到一处都受男人的喜爱。

花心的男人喜欢宠爱更多的女人，他们天生有种超能力，可以一次爱几个，所以他们喜欢处处留情。

今天跟 A 女爬山，明天跟 B 女看电影，后天跟 C 女逛街，大后天跟 D 女泡吧……每个女人都以为男人喜欢她，便以他女朋友自居。殊不知这种女朋友当得尤其辛苦。A 女想跟他看电影，男人没空，因为他要跟 B 女爬山；C 女想跟他泡吧，男人没空，因为他要跟 D 女看电影……女人耐心地等，等他的日程表排到你时，恐怕就是一个月以后了。A 女不干了，要跟男人理论，男人躲；B 女要男人的钥匙，男人不给；C 女要男人见她的朋友，男人提出分手；D 女要男人见见父母，男人干脆失踪了……

处处留情的男人是甘愿这样为女人疲于奔命的，他们不遗余力地寻找买家，贩卖感情，每次都会有意想不到的收获。而一旦买家想跟他成为一种固定的买卖关系时，男人就躲了。

该放手时就要放手，留得青山在，不怕没柴烧，处处留情的男人洒脱起来，旁人望尘莫及。

处处留情的男人最怕认真的女人。他可以包容女人大部分缺点，唯独不能接受认真。摆脱一个认真的女人既劳心又劳力，因为她们总会不满足于几次买卖关系，总想在感情的基础上交易。花心男人最烦在交易中掺杂感情，也最怕只跟一个买家交易。

处处留情只是一种交易。女人跟男人玩这样一种交易，不要问胜算把握几成，如果你输得起，可以焚心以火，来者不拒；如果输不起，不如早早收心，省得闹心。

处处留情的男人也别太得意，只要是交易，就有过半的风险。

如果输不起，你就做个安静的美男子，总好过人人喊打，疲于奔命。

红男绿女,风月情浓

一家酒吧里的卫生间,一红一绿两扇门,并没标明男女,结果几乎人人走错。人人都认为女为红,男为绿,岂不知,红男绿女也。

这家酒吧的老板还真喜欢开玩笑。把红男绿女比作厕所,亏他想得出。完全不考虑患色盲的感受,还真该打。

说起红男和绿女,传说有这样的来历:

在古代,做官的男人要穿大红色的裤子,代表做官的地位和身份。正所谓"士假绛公服亲迎",绛,便是红色的意思。红色代表显贵的身份和社会地位。

男人以红色彰显个人社会身份,女人则是青衣黛眉,以青色登场。

青色即绿色,代表青青芳草般的美丽与温柔。在古代,若女子的夫君是达官贵人,那么该女子的服装也是要配以同色的。这叫同赏色,即夫有官者则从其夫之品服。

"溱洧河畔钟鼓交,踏青游人乐陶陶。红男绿女佩香草,两情相悦赠芍药。"这首诗来自《诗经·郑风》里的一首《溱洧》的诗歌。讲述一对青年男女,要到溱洧二河边上去看集会,他们相互逗笑,并赠送芍药。

可见在那时已有"红男绿女"的叫法了。

高亨在《诗经今注》中批注:"郑国风俗,每逢春季的一个节日(旧说是夏历三月初三的上巳节),在溱洧二河的边上,举行一个盛大的集会，男男女女人山人海地来游玩。这首诗正是叙写这个集会。"

传说，郑国的上巳节是我们已知的最早的情人节。后来移到七夕，又是另外的故事了。

男人红裤，女人青衣，这样大胆的冲撞配色在唐代十分流行。唐朝是红男绿女盛行的年代。那时没有连日烽火，风调雨顺，安居乐业，爱美的男女才有闲心挑上好的颜色打扮。想象街上的一派繁华，男男女女，穿红挂绿，美不胜收，好不热闹。

红衣少年和青纱女子，他们背后的风月情浓，才不输给现在的花花世界。

茫茫人海，一红一绿，相映成趣。多少爱恨，你侬我侬，都在这人间风月里。

越难猜,越特别

意外之获谁不得

有谁会喜欢意外?男人却喜欢美丽的意外。

正当他对现任女友不满意时,朋友就为他介绍新女友;正当他刚离完婚,苦闷不堪时,就有人引荐美女给他认识……这种美丽的意外,男人是不嫌弃的,只盼着多多益善。

C同时交往了两位女友,他正愁不知该做何选择时,又有人为他介绍新女友了,见过之后,C立刻被吸引过去,这个美丽的意外令他惊喜,认识第二晚就把女人搞上了床。一周后,C又回到了旧女友身边,新女友找不到人抓了狂,找到介绍人追问。介绍人顾左右而言他,他无法把C的原话复述出来:"看那女孩脸蛋还不错,没想到身材这么差,整个没发育!"

W刚离婚不久,被前妻甩掉之后,郁闷之极。朋友赶忙为他介绍,一面之后,W情绪好起来,没想到介绍的还有如此美貌的,完全是个意外,W立刻投入到新恋情中。一个月后,女孩还沐浴在爱河之中时,W却提出分手,原因只有一个:"这女孩哪方面都好,就是没有高潮,没有高潮的女人还算女人吗,还不如我前妻……"

女人被男人当成意外的时候,她注定要哭天抢地。有了意外之获谁不得?送上门的免费午餐不吃也可惜。喜欢意外之获的男人最怕认真,女人认真起来,他们便会自动消失。跟一个失踪的男人理论,又能从何谈起？

被介绍人责难的时候，C 很无辜地说："我本来就有女朋友，谁让你上赶着介绍啊，再说你介绍的还不是你玩过的，我还跟你客气？"

W 更觉得冤枉："女人有的是，我这种条件的还用介绍？追我的女孩到处都是，我也就是看你介绍人面子，看咱们关系不错，才跟她交往一段。这种剩女多了，我要是都见哪见得过来啊，再说比她漂亮年轻的多着呢，刚开始看着还行，一接触才知道她连叫床都不会……"

单身女人最怕的不是遇到坏男人，是遇到不淑的介绍人。

就是对介绍人的信任，才放松了对坏男人的警惕，玩弄之后，几个月调整不过来，责任却只能揽在自己身上，谁好意思怪罪介绍人？哪有过河拆桥的道理。哑巴吃黄连的事最不值得。

剩女被介绍又被玩弄的经历不胜枚举，吃一堑之后，女人就该长一智。在这件事上常怀疑人之心不是坏事——

介绍人关系再近，他们的话只能信半成，另一半要自己去体会；

别人口中的描述绝不是这个人的全部，自己从细节对话、日常点滴去了解一个人才是正经，了解一个人没有捷径；

出现问题不要指望介绍人去调节，问题出现的时候任何人都帮不到，只有相信自己的判断；

见面不足一个月就想方设法跟你上床的男人不值得信任；

异性朋友为你介绍时，更要赔上小心，是真心帮你，还是把你当人情送，要分明；

不出三个月就失踪的男人，不必为他抓狂，不是你做得不好，你只是被当成了一个意外；

最坏的结果出现时，不是否定自己，也不要否定男人，不做哑巴吃黄连的事，却是要吃一堑长一智。

受伤的女人不是用眼泪洗伤口，而是要把伤口当成意外。

越难猜，越特别

没有锦，何处添花？

男人分手前还夸你有书卷气。

男人跟现任女友说你钢琴弹得好。

男人写文章说前妻是名牌大学毕业。

男人一直留着你的情书，因为你的字漂亮。

……

男人们以各种方式肯定你的才华，可他们都不选你。

女人的才华和男人的花心一样，令人生畏。

一个男人提及他的老婆说："我们家那位特有才华，她高考作文是满分！"

这一句话让在场所有的女人都为之一震，这个男人竟然是欣赏女人才华的，那他们一定是因为才华走到一起的吧。

赶紧央求男人讲他们的恋爱故事，男人侃侃而谈。

原来他们的故事是这样一个版本：

男人与女人是大学同学。男人来自外地农村，家境贫寒。女人出自书香门第，家境优越。大学毕业那年，男人的父亲得了重病，而女人的父亲正巧是某大医院的头脑。男人找到女人求助，女人的父亲连夜派专车赶到农村，将重病的父亲接到大医院……

"我父亲的命是她给的，没有她就没有我的今天……"

原来是个报恩的故事。

女人的家境殷实，才华原来只是锦上添花的事。

没有锦，何处添花？有了锦，再添上花，那是好上再添圆满了。

所有男人先追求的是锦——你要漂亮，你要温柔，你要懂事，你要有钱，你要性感，你要殷实……你最好不要比我有才华。

如果你光有才华，没有锦，故事可能已是另一个版本了。

有才华的女人令男人自卑，也令男人没有安全感。

"女子无才便是德"的想法贯穿了几代人。

自卑又没有安全感的男人，女人不会选。

自信又有才华的女人，男人也会绕道而行。

所谓的剩男剩女——便是自卑又没有安全感的男人和自信又有才华的女人。

越难猜,越特别

有些人你永远不必等

有些朋友吃海鲜是会过敏的。

可他们照吃不误。因为太难抵制美食的诱惑,先吞下口水,大快朵颐再说。

第二天,浑身瘙痒时,只好硬着头皮吃下抗过敏药,还要边发誓:以后决不能再吃了!

可刚过去两个月,又开始唾涎欲滴了。

没办法,有些人对美食是从来没有抵抗力的。

还有一类人,对俊男靓女是没有抵抗力的。

他们一旦见到美色,便如韩剧里的花痴,画面立刻出现慢镜头,春风扑面,小鹿乱撞,连嘴巴都闭不紧了。

就是这么没出息,完全有如火星撞地球,恨不能马上将对方幻想成自己的另一半。

这便让一些长得帅的骗子可机可趁。

珍珍在网上认识了一个男人,对方典型的高富帅,笑起来更迷死人。珍珍一见倾心,认定这个男人,立刻以身相许,二人甜蜜同居,火速展开恋情。

珍珍二十八岁,男人三十五岁;她一米七,男人一米八;论外貌,珍珍也算清秀,但男人似乎更胜一筹,英俊的五官无可挑剔。

人人都羡慕嫉妒恨珍珍找了一个如此优秀的男人，身边的闺密更是催她赶快结婚，以免夜长梦多，被别人捷足先登。

交往半年后，珍珍提出了结婚。没想到男人并不积极，说半年时间太短，至少要交往一年才能定终身。如果半年就结婚是对婚姻不负责任。

珍珍也认同，她只好按奈住那颗恨嫁的心，再苦等半年。

二十九岁生日时，珍珍再次把结婚提到日程。男人却说现在对他来说正是拼事业的好机会，让珍珍再等他一年，等事业稳定了再结婚也不迟。

珍珍再次被说服，只好继续等。

三十岁生日时，珍珍直接拉男人去了珠宝店，她早相中了一款钻戒。男人颇有些尴尬，只说自己忘了带银行卡。

回到家，珍珍满心不悦，二人崩不住大吵一架。这时男人才终于说出了真相——原来男人早有家室，孩子已经上小学，老婆孩子都在国外。

这个晴天霹雳将珍珍雷得外焦里嫩，她死也没想到，她用两年时间全心全心爱慕的男人竟然早已成家立室，她竟然还没发现任何蛛丝马迹。

男人希望珍珍给他时间，让他解决老婆孩子的问题。

珍珍问他要给多长时间？

男人说至少五年，等他老婆在国外有了身份了，他才能放心离婚。

五年？珍珍崩溃不已。

男人解释，他得对得起自己的家庭，如果现在就离婚，他老婆在国外是没有经济收入的，连身份都没有，找工作也困难。再等五年，等身份有了，他才好离婚，对孩子也是个保障，不然他放心不下……

很善意的理由。那么，这五年怎么过？还像现在这样继续若无其事地同居恩爱下去？

男人点点头，他爱她，他希望珍珍能理解他的苦衷。

身边的闺密都在骂这个骗子，恨之入骨地劝珍珍赶快跟他分手。

没想到，珍珍只平静地说了一句："我愿意等，我太爱他了……"

所有的骂声都戛然而止了。

当事人都愿意等了，周围的看客还好意思说什么呢？

吃海鲜过敏了，还可以吃过敏药，症状总会迅速缓解。

那么谈恋爱中毒了，哪里寻解药？

珍珍却还在解释："他没有骗我，他会离婚的，我愿意等……"

就算解药拿到她面前，依然会无药可救，因为她只会信誓旦旦地说："我没爱错人，我相信他，他真的爱我……"

美好的时光都在与他相伴，这时送去解药，岂不扫兴？

只是美好的时光都在分享别人的男人，这样的快乐是否要打上折扣？

用情至深与偷情至深毕竟隔着深浅万丈，偷情上瘾的人总会在漫漫情路上败下阵来。

只要是情路，又怎会只有五年？

走到哪里都是漩涡

Maggie 是个美人儿,脸蛋生得好,身材又高挑,性格开朗直爽,可是这样的美人儿却单身。

即使她有令人生羡的外表,可是,最重要的一点——她不见得受欢迎。

早有人说过单身女人是公害,长得漂亮的单身女人更是公害中的害虫。

Maggie 三十出头,条件好些,自然要求也高些,一晃也剩了下来。

于是,她走到哪里都是漩涡。

总有女人对她指指点点。最要紧的是挑剔她的打扮,每穿一套衣裙总有人品头论足:

"这件衣服太不适合你了,这个颜色也不配你。"

"这个包包太艳了,你这个年纪已 HOLD 不住了。"

"你腿太细,穿短裙更暴露你的缺点。"

"破洞牛仔裤你都能穿着上班?"

"这衣服太没品位了,跟你的人不相称吧。"

……

这些还好,至少还能听得过去。

最要命的,最放不过的便是这个单身身份。

"Maggie，你都三十多了，还不打算结婚吗？你是真找不到还是挑啊？你挑别人，还是别人挑你啊？"

"你不会是拉拉吧？"

"Maggie，你可以考虑姐弟恋啊，没准你的白马王子正在参加高考呢。"

"你看你长得不差，真的没人追你吗？再不结婚会变态的啊。"

……

这些话虽还没到人身攻击，但总是听起来不舒服吧。

长相普通的女孩子，如果单身，大家都能心照不宣——长得丑嘛，当然找男友困难些。

但你已经长得如花似玉了，还是单身，那就激起公愤了——长得好就了不起吗，就可以挑三拣四吗？不用说，一定是性格有问题。

Maggie 说她只有跟美女在一起时才是最安全的，只有美女不会对她指桑骂槐，声东击西，更不会挑剔她穿衣品位和嫁不出去。大家都在一个水平线上，美女妒恨另一个美女的几率总要小很多。

美女在女人堆里总要吃些苦头。放入男人堆里，效果自然不同。

男人会献殷勤，会主动示好，会鞍前马后，会义不容辞……当然也会想无时不刻地占些便宜。

如果讨好半天，任何便宜也没占到，有些男人会恼羞成怒的，甚至大打出手，反目成仇。

在男人堆里，美人儿依旧躲不过漩涡。

是的，美人儿并不比普通女孩子幸福多少，她们总是从一个漩涡跳入另一个漩涡，还身不由己。

也正因为这点，我喜欢跟美人儿交朋友，她们经历了太多风口浪尖，内心反而不再狰狞。

河东狮吼

老婆对老公说："你要是敢在外面花，那我也花给你看。你跟几个女人好，我就跟几个男人好，不要脸谁不会啊！"

老公被唬住，果然没敢在外面花。

有的男人需要老婆这么一吼。

可有的男人经不住这一吼，你一吼他就跑了。他天性就是花的，之所以结婚是出于无奈。如果婚后不能花，那么这个婚姻他也不想要了。做老婆的如果睁一只眼闭一只眼，那还能过，如果你一吼，那就玩完了。

所以河东狮吼这一招要用对地方。

如果你想要爱情，那么你时不时要吼一句，对老公是个提醒。其实谁都知道即使老公跟几个女人好了，你也不会跟几个男人好，这一吼只是提醒，老公心领神会，自然接招。

如果你想要婚姻，那么你就别轻易吼了。要保住婚姻的人只能睁一只眼闭一只眼了。

男人有很多种，但花心的男人只有一种，他改不了本性，江山易改，本性也难移。如果你想把他本性都改了，那么你只有牺牲婚姻了。河东狮吼这一招只会令你们的婚姻结束得更早。

对付花心男人只有一招：那就是你比他还花。

你能做得到吗？

■ 越难猜，越特别

女人为了报复一个男人变得花心多少是有些出于无奈。花心之后，反而弄巧成拙。

通常花心的男人也不会再找花心的女人，一山难容二虎。两人都花的结果必然是分道扬镳。

遇上花心男人，如果你包容心够强，如果你指望他养你，那么你就睁一只眼闭一只眼吧。

如果你担心总是睁一只眼闭一只眼，眼睛会受不了，那么你就河东狮吼，痛快之后爱谁谁吧。

爱情海

"告诉我用什么方法才能换回男人的心?"

女人把这个问题写下来装进瓶子里,扔向大海。

静静地等一个答案有时需要耗尽一生。

女人有时会蠢到用一生的时间去寻找这个答案。

海里的水草细腻得像男人的手,让你舍不得松开它。而你又不能把它带走,水草离开了海,就像男人的手离开了女人的脸,再没有生动的画面。喜欢这种依恋,就像你的灵魂已经离开,而我依然充满期待……

失恋的女人傻傻地坐在海边,她这一生最失败的就是喜欢大海,它使人不能脚踏实地。

捧起一把沙子,看着沙粒从指缝中流走,才能领悟,爱情像沙子,越抓得紧,就越抓不住。喜欢这种失去,就像时间从你身边流走,从此我却拥有了回忆……

偶尔会有细碎的贝壳藏在脚底,翻出最洁白的一颗,把它握在手心里,能握多久就握多久,直到你不在意时它脱走,又在你不在意时被别人握住。喜欢这种偶然,就像爱情会从你手中脱走,却又公平地落入另一个人的手中……

有一天终于有人捡到了漂流瓶,好奇的人打开瓶子后就有为你解答爱情问题的冲动,却又不知你在哪里。喜欢这种期待,就像你还未帮我

■ 越难猜，越特别

解答，其实我已经明白……

女人就是这么不着边际。

为着一个无解的命题，倾其所有，百折不回。

从恋爱到失恋，女人都会一路傻下去，直到那颗心被人伤得碎成千瓣，再无迹可寻，还要靠曾经的回忆撑下去。

撑到最后，体无完肤，筋疲力尽，你才发现，原来一直陪在你身边的只有这片不离不弃的爱情海。

最高级的那种

男人上了她的床之后，再也没来找过她。

女孩不明白，到处问："为什么他不来找我？我究竟哪里不好？"

别人告诉她，那是个流氓，流氓上了床之后就会自动消失。

女孩不相信，男人是硕士，名牌大学毕业，国外留过学，家里是高干，就连亲戚都是教授。这样的人又怎么可能是流氓？

女孩以为流氓只有一种，其实流氓有很多种，她遇到就是最高级的那种。

谁都会把"流氓"当作贬义词，但如果"流氓"前面加上了"高级"两字，那么可能会有不少人把它当成中性词。

什么是高级流氓？有人解释说：某女明星的前夫就是高级流氓的代表。此解释不能说言之有理，但意思沾边。谁都知道这位女明星的前夫身家过亿，搞过无数女人，还都是美若天仙的极品女人。

不是所有男人都能成为高级流氓，其条件还相当严苛——首先要有良好的家庭背景，不是高干子弟，也得家境优越；要有良好的教育背景，至少达到本科，最好有留学经验；要有良好的语言天分，最好英语能出口成章；要有良好的经济条件，光有车有房还不行，至少还得有自己的公司；要有良好的健康状况，床上床下都要雷厉风行，否则一切免谈；要有吸引人的外在，并兼有讨女孩欢心的交往技巧；出手一定要大方，不能达到送车送房，至少顿顿大餐要抢先结账，并要做出鄙视 MONEY 的样子……最重要的一条，心必须是花的，不能太素。

成为高级流氓是一种境界，仿佛也是一种成功的象征，甚至许多男人终身以此为目标。凭什么他就能找女明星，凭什么?! 许多男人心怀不愤。如果男人有朝一日能修炼成高级流氓，那么演艺圈的美女，还不任他挑吗？

高级流氓多为三四十岁的中坚力量，事业正在成功，外表正在成熟，举手投足在公众场合向来吸引眼球，并一定要反复声明自己无 GF 的单身状态。其中，他们又分两类：

一类幽默一点的，总喜欢半开玩笑地让别人介绍，听的人往往露出惊讶的表情：你居然还用人介绍？是，他确实不用介绍，他从不会缺女人，这只是表明他做人诚恳的态度，从而更为他的综合魅力指数加分。但他也有失态的时候，一不小心说出他性伴侣的个数，吓人一跳。但这种失态也是偶然为之的小把戏，不说这些，女人缠着不放如何是好？

还有一类正统一点的，会坚决表态拒绝介绍，露出正人君子的一面。听的人当然领悟，这么优秀的人还用介绍吗？大把的女人倒贴都忙不过来呢。这更坚定了女人追随他的决心，不滥情的优秀男人打着灯笼都难找呢。殊不知君子也有好多种，这类人又以伪君子居多。

一夜情是高级流氓最津津乐道的交友方式，但对象绝对是极品，妓女和长相普通的女人绝不在此之列。良家妇女做海选，外表学历做初试，才艺性情做复试，性感温柔进前十……令人不得不感叹：做男人真好！

当你在某场合碰巧遇到你心仪的精品男人时，慢着，不要惊喜，先推测一下他的高级流氓指数为先。只一点为证：第一次跟你见面就想跟你上床的精品男，一定是高级流氓。

等你开口

比较绅士一点儿的男人想分手时会先等你开口。他对不起你在先，若再提出分手，比较没有风度，最好的方法便是等你说出口。

你若先说出了分手，他便松了一口气，他是没有责任的，是你要分手的啊。

为了等你开口，他只需这样做：

顾左右而言他，从不正面回答你对他的感情问题；

公开场合一定不牵手，走路时要前后左右隔开一米；

不再说任何一句甜言蜜语；

拒绝你的邀约，每次都有正当的借口；

拒绝跟你亲热，身体总会在关键时刻不舒服，不再留你过夜；

笑声渐渐稀少，你再难看到他的笑容；

不再发短信和打电话，不再网聊、私信；

不再跟你畅谈未来，偶尔只问你工作现状；

不会轻易和你对视，不看你的眼睛；

开始热衷谈别的女人；

你穿上再漂亮的衣服，他都视同无物；

不再说他的隐私，不再开玩笑；

对话越来越客气，谢谢常挂在嘴边；

回答电话时总千篇一律：我正忙，一会儿打给你……最后永远不打来；

不肯再为你花钱、陪你出游、为你拍照、听你聊天；

跟你开始无话，大段时间是空白的沉默；

……

男人这样对你，女人恐怕用不了多久就会自动消失了。

等你开口说分手的男人，你该庆幸他还是有一点绅士风度的。给你时间准备分手的男人总比那些突然失踪令你抓狂的男人仁慈一些。

男人的仁慈用在分手上，也算是一种对女人的厚爱。

纠结在长发与短发之间

总有一群人在你身边这样说：

"你怎么也不变变发型，老是长发，可能短发会变个形象。"

"多少年你都是这个发型，我都看腻了。"

"赶紧换个发型吧，也给自己换种心情。"

……

于是你痛下决心，终于咬牙剪了短发。

第二天一露面，那群人又说：

"哪想不开了把头发剪了，原来长发多好啊。快留起来吧，短发还是不适合你。"

"你受什么刺激了，好好的干吗把头发剪了？失恋了？"

"短发太显老了，感觉你一下老了好几岁。"

……

你开始纠结，到底想怎样啊，长发也不是，短发又不好。

原来讨好别人是一件多么困难的事。

让她满意了，他又嫌弃了。没有主见地迎合别人，费力又不讨好。审美从来都是众口难调的事，挑剔才是人的本性。

从长发一狠心剪成短发，只需片刻；但从短发长成长发，那过程真是种煎熬。尤其是长到不长不短扎脖子时，那才痛不欲生。只怪当时为何这般冲动，现在顶着一头参差不齐的短毛，自信全无。

长发与短发之间永远是一场战役。

男人对短发的意见最大："你以为你是孙俪、梁咏琪啊，人家那短发是时尚，你这短发是假小子。"

顿时你一蹶不振。

更有直白的男人这样说："你是不想嫁人了吧？再剪短点，直接可以出家了。"

简直是当头棒喝。

发型真的决定命运？心下凄然。

每天摸着短发，对着镜子左顾右盼，稍长一寸，都开始谢天谢地。

忽然有一天，有个男人对你说："我觉得你短发挺好看，比长发还好看。"

你立刻鼻子发酸，以身相许的心都有了。

那时你才能明白：有人喜欢你长发的样子，有人喜欢你短发的样子，可是你忽略了，真正喜欢你的人喜欢你所有的样子。

女人说爱是空气，男人说爱是呼吸

女人说爱是空气。

男人说爱是呼吸。

女人把爱理解成一个名词，一种状态，一个结果。

男人把爱理解成一个动词，一种动作，一个过程。

女人眼中，爱是名词，有了爱就有了一切。

男人眼中，爱是动词，有了爱不去爱，那就是没有。

女人喜欢爱的状态，如果什么都不做，看着你也是种幸福。

男人喜欢爱的动作，如果什么都不做，那就等于不让他呼吸，他只会在爱里窒息。

女人把爱看成一个结果，拥有了自己的那一片天空，即使空气再稀薄，仍然心满意足。

男人把爱看成一个过程，不想只在一个屋檐下过活，只想出去呼吸更新鲜的空气。

女人希望爱在空气里，有空气的地方就有爱。

男人希望爱在呼吸里，只有我在这片空气里呼吸，爱才存在。

女人说先有了空气，才有了呼吸，因为有了你，才有了爱。

男人说先有了呼吸，才有了空气，因为有了爱，才有了你。

女人活在空气里，即使死去，爱依然存在。

越难猜，越特别

男人活在呼吸里，停止呼吸，爱便死去。

女人说爱是空气。

男人说爱是呼吸。

男人爱女人，就像呼吸空气，似乎是件天经地义的事。

你童言，我无忌

有孩子的父母凑在一起，没有别的话题，一定都是孩子，孩子，孩子！

他们的谈资都围绕孩子的趣事说起——

我儿子从小对女性就特尊重，这点随我了。有天放学我去幼儿园接他，发现有个女孩正把我儿子堵到墙角里用小拳头打，我就听见我儿子一个劲儿地说："不疼，不疼。"

有一天天气特别冷，我女儿的脚冻了，她就对我说："爸，我的脚晕了。"

那天吃饭，我女儿在饭桌上突然说："妈，我想吃那块胖肉。"我们都笑翻了。我就跟她说："宝贝，那不叫胖肉，那叫肥肉。"第二天吃饭，我逗她："宝贝，今儿还想吃胖肉吗？"女儿还嘴："妈，那叫肥肉，你怎么连这个都不懂。"

每天上班，出门前我女儿就跟我说："妈妈，出门当心点，小心有大灰狼。"

有一次儿子跟我坐飞机，他非要坐窗边，说要看风景。后来发现有电视看了，他就要跟我换位子，要坐到中间来。我们换好位置后，我儿子说："爸，你现在可以看风景了，你快看呀。"

我现在每天教我女儿学英文，马上就该上小学了，得给她提前补补。

结果一天夜里我听见她在说梦话:"I'm cold. I'm cold……"

情人节到了,我儿子跟我说:"妈,祝你情人节快乐!"我说:"儿子,这话不该你说。"我儿子说:"为什么呀?我不是你的情人吗?"我说:"你爸才是我的情人。"我儿子急了:"谁说的,我才是你的情人,他是你的老情人。"

一次从肯德基买了一盒鸡翅给我女儿吃,看她吃那么香,我也馋了。我对她说:"女儿啊,给妈吃一块成吗?"女儿特认真地对我说:"妈,如果你想吃,等我长大挣钱了给你买。"

我儿子三岁了,可我发现他数学特别糟糕。有一次我陪他在院里跟几个小朋友一起玩。他们抢着玩秋千,一个小女孩对他说:"我已经四岁了,比你大,所以你要听我的,让我先玩。"我就看我儿子怎么回答。结果他跑到我跟前问:"妈妈,我几岁了?"

我儿子四岁半了,我开始教他英语。每天教他几个单词,脸 FACE,鼻子 NOSE,爸爸 FATHER……教了几天,我儿子突然问我:"妈妈,我的小鸡鸡英语怎么念?"

……

欢声笑语漫天漫地的时候,才知小孩子带给大人们多少乐趣。

你童言的时候,我会无忌,快乐随性。

我无忌的时候,希望你把我当童言,那样你也快乐。

偶尔做回小孩子,才是对自己最好的放纵。

江湖依然有他们的传说

有些私密的情史，男女主人公自以为保密得天衣无缝，天知地知，你知我知，却不想，越是这种狗血的情史越散播得最快。

私密情史不言而喻，当然是不宜公开的情史，至于不能公开的原因，大家心照不宣。他有老婆，她也有老公，这怎么能公开呢？

大家你一言我一语，耳朵咬耳朵也就这样传开了。但怎么传也传不到男女主人公耳朵里。他们便自以为我们之间的事外人怎么可能知道呢，我们这么谨慎，上班不一起走，下班也不一起回，他们怎么可能看得出来。

可哪有不透风的墙，眼尖的人还是看到你们手牵手走在一起。以为是穷乡僻壤了，怎么还会有八卦的眼睛。

总说群众的眼睛是雪亮的，都亮在这里了。

P 和 X 同事多年，各自有家，但仍不妨碍他们在一起。

每天早早出门，就是为了和他共进早餐。之后男人会在离公司一站地的时候把她放下。然后便要等午餐。两人早早约好时间，还是在离公司一站地的路口集合，开车到一个周围同事都不可能去的地方吃一顿二人午餐。之后再见就是下班时间。如果时间凑得好，在那个老地方约上，先送她回家，或者先一起吃晚餐再各自分开，一路都是欢声笑语。偷情的魔力就在于，谁也不知下一刻偷情的时间和地点，这种捉摸不定才是二人停不下来的迷藏。

他们在一起的时间一定比家人更久更密。同事是要天天在一起工作的，无可厚非。他们自以为无人察觉。每天在外人面前碰到时，还要装作不熟悉，或者礼貌地点个头。他们自以为演技已娴熟，更为自己的镇定自若叫好。谁知旁边的人早笑弯了腰，这么演来演去，还真是过足戏瘾。

别人都知道，只有你自己不知道的时候，那种感觉才最是滑稽。

你还在演不熟悉的同事关系，其他的人早在屋里笑得前仰后合了。

但恰好是这种不自知，才能使这段感情维持长久。如果知道偷情早被人发现，恐怕没有人再敢这样演下去吧。毕竟都是同事，谁又不知谁的底细？每人一句风凉话，唾沫星子也能淹死人。

忽然有一天，不知哪个没脑子的竟然无意中将私密的情史和盘托出，女主人公顿时崩溃了。如果这要传到自己老公耳朵里，再传到孩子耳朵里，这可如何是好？她可不想为了一个同事就离婚。这段情仅仅是打发无聊上班时间的一种填补，谁也不想为此离婚啊。

三十六计只好走为上策，其中一方只有离开。

男女主角走了一个，这台戏自然是偃旗息鼓了。几年后，新人来旧人走，谁还记得那段情史？那颗惶惶不安的心终于倏然安定了。

只是偶尔还有好事者会跑到新人面前说："哎，你知道 P 和 X 的故事吗？"

对方当然说不知道啊。

那么八卦就此开始了……

男女主角都隐退江湖了，可江湖依然有他们的传说……

温柔却暴烈

"你在我生命留下的痕迹,你看不到,我也看不到。但我知道,紫色蝉大,在某一个宁静时刻倒影就会浮现,从血里生长是我生命中的毒,并与此肉身同腐。那时如果有人纪念,就会说:这里埋葬了一个女子和她紫黑色的隐痕。"

香港作家黄碧云用紫黑来白描女人,温柔却暴烈。

好色的男人多数仰慕红粉女人,他们会不客气地揶揄紫黑女人:没事别跑出来吓人。一个男人的刻薄总会在另一个女人身上撒野。有心机的女人便华丽褪色,换上红妆,把过往的黑色无情地抛弃,以此搏出位,赢得男人心。

却还是有一些女人不屑那种仰慕的眼神,潇洒地披着一身黑色,我行我素,倒也痛快。

五十多岁的黄碧云,一身黑色,黑衣、黑裙、黑鞋,头发上别着一朵黑色大花,戴着黑色墨镜,还有黑色挎包。这是女人最低调的装束,她总会被问:为何身上没有颜色?仿佛她是个隐居客,她的岁月、她的私生活,都没有真相,只有书中那些残酷悲伤的文字,吐露她的心境:"请为我的灵魂点一支蜡烛。我很想,有光。最后我看到了我要的手。明亮,黑暗。"

静静的黑色充满孤独,就像写作,笔下的嘻笑怒骂凝结在那个孤独的背影下，终叫人心疼。有人把亦舒、李碧华、张爱玲此类冷色调的女子拿出来让黄碧云与自己做比较，她只淡淡一笑说："文学的道路是孤独的，所以只有你自己。"她当然不愿比较，孤独之人何须比较？黄碧云创造了一种残酷的黑色写作，用零度情感冷冷写来，这是她的标签，里面依然有诡谲的笑靥，更有死亡。

　　七岁时就失去母亲的黄碧云，对死亡有更早的体会。五十多岁的她还清楚记得四十多年前的场景，有一天家里很吵，从外面回家的她却觉得很开心，因为原有的安静被打破。她进到家门，有人告诉她，你妈妈死了。"我不了解死是什么意思，我的家人叫我亲吻妈妈，我觉得她的脸很冷。"那是死亡，令她早熟，又给她空间和自由。

　　她说死亡是个文学命题，她要好好面对。因为现在了解时间有限，所以宁愿抛开不重要的事情。死亡是没有办法的东西。黑色是生死离别的那一刻，是千疮百孔的病态人生和生之幻灭。黄碧云的小说就是一部黑色电影，自内心升腾出的病态的幽暗意识都潜伏在字里行间，不免悲凉唏嘘。

　　低调，孤独，死亡，黑色，这是一个女人的命题。这样一个奇女子，她的内心却不能像黑色一样安定，她漫游天涯行踪无定，她说："这些年来，我时常四处流浪，与家人甚少见面，而且风尘年纪令我与家人渐渐生分。他们甚至不知道我去了纽约，搬了屋，换了职业，回到香港之类。一夜我梦到了我的长兄，我跌跌撞撞，浑身是血，却碰到他。他看见我便抱着我，低低地道：'妹妹，你发生了什么事情，为何你这样瘦？'我在梦中突然有被安慰的委屈，竟然号啕大哭，醒来脸上都是泪……因为对生命各种严峻而浪漫的要求，我不能够做一个快乐正常的人，这是我一生最大的失败与欠缺，我无法表达对长兄的歉意。我的写作沉聚了这些对生活的追求，我希望这可以成为一点点无用的补偿。"

　　读着这些，令人心酸，难怪她选择黑色，她有一个与众不同的家庭：母亲早逝，父亲是一个有暴力倾向的警员。她不隐瞒成长在一个暴力的家庭，暴力事件便是平常的生活。有一次因为她离家出走，父亲将她打得在床上躺了一个月。女人若被暴力缠上，噩梦会不请自来。她常常梦见"不知为什么事，心想死了，老爸回来了，一定打死我了"。这样的残酷，才令亲情幻灭，才有浪迹天涯与不羁叛逆。因此她笔下的男性无一例外地有着致命的弱点：猥琐怯懦、退婴软弱、始乱终弃，不仅愧对女性的爱慕与钦敬，而且只会给女性带来精神与肉体的巨大伤害。她撕掉伪人道主义温情脉脉的面纱，暴露出生活本身血肉模糊的本质，却又写得沉入内心，令男性评论者难以置喙。

黑色的冷漠与纠结，用在女人身上，是心灵与肉体的伤害，唯有写作，打开心灵的窗口，吐出人性的颓唐。黄碧云把黑色演绎到极致，背后的血泪，不堪一提。

惊心动魄的黑色带来最彻底的绝情、绝望，女人选择黑色，她又是何等的暴烈与无奈，把低调、孤独、死亡背负于身，又要何等的坚强与刚毅。

就是这样一个黑色女人，她说希望自己死时温柔而有尊严。正如她头发上那朵别致的黑花，你想要忽视的时候却看到它美丽的隐痕。

阅人无数

听了这样一个故事：

男人从酒吧带回一个女人，两人一夜情之后，一早醒来，男人发现女人很熟悉地翻他的第二个抽屉，拿出牙具。

男人吃惊地问："你怎么知道牙刷放在第二个抽屉里？"

女人奇怪地答："上个月来你家睡的时候，你告诉我的啊。"

……

听完段子之后，大家都哄笑起来。故事里的男主人公刚三十出头，其猎艳女人的个数已升至千位，阅人无数的他总能在茫茫人海中一眼找出那个万念俱灰的姑娘投入他怀抱。

大家立刻想象此男人的英俊模样，金城武、王力宏、周润发、梁朝伟……莫非是帅到了综合体？

等真人来到面前时，大家立刻跌破眼镜。

此男虽三十出头，看着一脸倦意，倒像直奔四十；头发稀薄，眼见着快要谢顶；身材还算高挑，只是瘦到一定程度，驼背明显；五官中没见到任何明星的影子，不难看，但也难跟帅字沾边。

问起他如何赢得如此多姑娘的芳心。他说没什么秘诀，只是自己舌头用得多些，比如用舌头握手之类。

男人专门有个通讯簿，记着与他上床女人的名字和电话，ML之后就用黑笔涂掉。他的 QQ 地址里有上百个女人，可他一个也记不住。

他津津乐道艳遇一夜情的技巧：去酒吧一定要找那个独自喝闷酒的女人，而且还要万念俱灰；带女人回家第一件事就是让她洗澡，趁她洗澡的时候，把家里的贵重物品收藏好；钱包不要随身携带，衣服一脱就不知放哪了，一定要放在沙发底下，以防万一。有一次我没放好钱包，第二天发现被那女的拿了五百块，那女的看着就是一白领，怎么看也不像职业的……

就在一桌人冷场之际，男人的摩登女友出现了。巴掌大的小脸，冬天里穿了一件低胸短袖，脸上化着浓妆，说起话来像个孩子。

女人直接扑到他怀里，当着众人撒起娇来。

有人好奇地问她："你有二十了吗？"

女人高调地说："我都二十一了！"

论起年龄问题，男人开口了："我比她大一轮，感觉还不是很合适，我算过了，男的比女的要大两轮才最合适。"

女人并不在意，只顾点自己最想喝的那种酒。

话题突然转到了自杀的饭岛爱，一桌人讨论她究竟是不是因为惹上艾滋才自杀，AV 女优上千个男人总是有的吧……

男人说话了："还是身体最重要啊！"

原来阅人无数的人在炫耀快感时，也有自己的担心。

以身体做本钱得来的快乐终究是辛苦的。耕一亩田和耕一千亩田，代价不可同日而语。

有的男人会把阅人无数当作一种成就，他们会津津乐道。只是乐道之后吐的苦水就有些索然无趣了。

继续说这个男人的故事：

一天，一个女人说怀上了他的孩子。男人让她坚决打掉，他还不想结婚。女人说："这个孩子一定要生下来，我要让这个孩子折磨你一辈子。"

从此，男人总能断断续续接到一个电话，电话那头是婴儿清脆的啼哭……

阅人无数是要付出代价的，也并不是任何人可以企及的，好的身体才有资格阅人无数。

只是当他身体垮掉的时候，他还会怀念曾经阅人无数的快感吗？

你们到了哪一步？

问一个男人为什么喜欢这个女人，男人说："她那方面特别好，我们俩很和谐，只有她最适合我。"

男人因为性爱上了这个女人。

不知这是女人的悲哀，还是女人的幸福？

在男人眼里，你吸引他的只有性，他不会赞美你的脸蛋、你的温柔、你的聪明、你的贤惠，他只会赞美你的那方面。

等有一天男人厌倦了，不知这个女人是否还能睡在他的身边。

如果一个男人只是因为性爱上你，那他难免会有厌倦的那一天。等你的肉松了，皮皱了，他自然会离开。

女人的身体经不住岁月，性爱也只在壮年排在头期，唯有相濡以沫的爱情才是维系男女关系的根本。

男女交往有五步：

第一步：你的脸蛋。

第二步：性爱。

第三步：你的厨艺。

第四步：你的仪表。

第五步：搭伴过日子。

一个男人说喜欢你是因为那方面和谐，那么你们仅仅到了第二步。

第二步是热恋期，男女之间交往最难的是热恋期过后的冷静期。那时男人开始考虑是否能与你结婚，厨艺成了他评判考量的唯一标准。过了厨艺这一关，你们的婚姻才能摆上桌面。

第四步是婚后的女人最应注意的。你的仪态，你的身材保持，你的妆容，都是不可忽视的。这时的女人最容易变成邋遢的黄脸婆。这一时期也是男人最容易有外遇和跟你离婚的危险期。

男女到了第五步便是老夫老妻，相濡以沫了。这时大家都老了，谁也不嫌谁，破罐破摔了。这一时期最浪漫的事，就是和你一起慢慢变老，直到我们老得哪也去不了，你还依然把我当成手心里的宝……

遗失的味觉

你是否有这样的体会：再进同一家餐馆，吃同一道菜，味道却差得悬殊了。第一次吃，惊喜连连，立即要隔天再来一尝美味；可第二次吃，味觉就遗失了，印象中的那番美味消失殆尽，失望接踵而至。究竟是自己味觉变了，还是那家餐馆的厨师跑掉了？完全没有答案。

就像必胜客这样的快餐，味觉同样一变再变。同一款 PIZZA，再吃总不似先前那样好吃了。

还是女人的味觉本来就不可信？

就像看男人的眼光，总被人质疑。当你神魂颠倒夸一个男人时，总有另一个声音说："他有那么好吗？你看人准不准啊？每次都这样，最后又被男人骗……"

眼光和味觉这种东西都是既可言传，又总难意会的，自己欣赏的东西总无法叫另一个人完整体会。女人偏又喜欢分享，不厌其烦地重复着有关味觉和眼光的故事。

后来才发现，味觉其实是受心情影响的。

再好吃的菜若不幸遇到了你的坏脾气，再难尝出它的好味道。而左右心情的常常会是与你吃东西的那个人。就像与你结伴旅行的人，若不喜欢，再美的地方也无风景；若太喜欢了，又会完全忽略身边的美景。你心仪餐桌对面的那个男人，哪还会顾及餐桌上的好味道，小鹿乱撞的

越难猜，越特别

心早把对美食的欲望通通抵消了。

味觉遗失得快，就更别提眼光了。

今天看这个男人一见钟情；一个月后，日思夜想都无法明白当初怎么会喜欢上这个垃圾男人？

男人说：女人心海底针。可把女人心扔到海底的始终还是男人。

男人不再相信女人的味觉和眼光，连海底的那颗女人心也懒得再拾回来分辨了。

其实不必迁怒女人的味觉还有那善变的眼光，在这方面，男人只会有过之无不及。只是男人不肯认输——他认定的美味，品质变了，他面子上依然要吃得满足；他喜欢过的女人，跟别人跑了，他依然要说分手时我们也很相爱，可我跟她在一起不幸福……

或许遗失的根本不是味觉，是那颗忽冷忽热的心。

有一天，遗失的味觉突然回来了，与你共餐的那个人令你心神松弛，大快朵颐。

原来秀色可餐的时候，从来不用担心味觉还会遗失。

遇到对的人，味觉终会回来。

中等美女

中等美女，又称第二眼美女。看外表，她没有令男人一见钟情的魅力，偶尔打扮一下，也能变成中等偏上，偶尔被嘴甜的男人唤作"美女"；不打扮时连自己都讨厌自己，照镜子的勇气都没有。如果男人恰好此时邀约，中等美女只恨他不留给自己打扮的时间。

凭内心，中等美女始终揣怀着一颗患得患失的心。被唤作"美女"时，风光无限；沦为第二眼美女时，又自卑到了极点。

中等美女就像一块夹心饼。夹心饼的尴尬就是遇到好吃的人，他们会惦记着夹在中间的那块奶油，总是先吃完饼才不舍地吃掉夹心；而遇到不喜欢甜食的人，直接把夹心刮掉了只吃饼。中等美女只恨自己要么再美一点直接变成高级奶油，要么干脆放弃美貌，就做一块纯粹的饼干，倒也没烦恼了。

和美女、丑女都沾边的中等美女总是悬着那颗忽上忽下的心。

就像那块不讨好的夹心饼，要么被人扔掉饼，要么被人去掉夹心，殊不知夹在一起吃才是真正好味道。美女的味道即使不香也有人愿意品；丑女倒也看得开，赢不过外表赢心机。丑女打败美女抢得如意郎君的也大有人在，超级帅哥旁边站着的总是那个人堆里跳不出的丑女。最没用的便是中等美女，她们既赢不来男人的趋之若鹜，又放不下自尊去迎合，处在这个不尴不尬的位置，最后的一条路就只有相亲。

越难猜，越特别

美女当然用不着相亲，周围的男人总是鞍前马后；丑女自然也被排在相亲之外，外表没有优势，相亲免谈。中等美女恰好适宜，相亲时打扮一下也是美女。只是现在的男人太过聪明，你如何浓妆淡抹，他们仍能一眼辨得出你就是中等美女。

相亲男人对中等美女总是这样婉拒："我对这个女孩有点意思，但意思不大。"

又是一个不喜欢夹心饼的男人！中等美女一边叹息着自己的遇人不淑，一边又信誓旦旦地说："再不做夹心饼，我偏要做美女！"

经不起打扮的负累，受不了整容的危险，几经岁月，中等美女从第二眼美女终落成了剩女。

本已是中等美女，再被挤进剩女队伍，心会是何等的唏嘘。个中滋味又有几人能体会？

夹心饼的遗憾，是明明既有奶油又有饼干，却还是输给一盒普通饼干。

中等美女的悲哀，是仅仅输掉了一点美貌，却并不比丑女幸福多少。

中等美女又是最不该放弃的那个，只要你稍作努力，打扮一番还可成为美女，若再放下一点点自尊学会心机，快乐与失意都可以是朝令夕改的事。

真正的朋友

有一种人喜欢对你转述一些别人议论你的坏话：

"你知道吗，别人在背后说你跟男人乱搞。"

"你听说了吗，××他们都说你靠男人养。"

"××说你的名字不好，很难听，名字把你的命都带坏了。"

"××说你面相不好，怪不得一直嫁不出去。"

……

他们说这些话的时候表情认真，是把你当成知己才跟你说这些绝密的话。可是，听的人恨不能立刻闪身走人。

朋友有很多种，但这样热衷传话的知己宁可不要。

知己惺惺相惜，是不会说出如此不堪的话，即使在背后，都不会拿如此话题作为谈资。

真正的朋友会在听到这样的话时，果断地打断，并告知他们，让他们停止这种无聊的话题，不要在背后中伤别人。

真正的朋友是真心能帮助你的朋友。他们不会把这些无聊的话转成记忆，再去找到本人倾吐出来，这个咀嚼、回味、传播的过程最是游手好闲、惹事生非的人热衷的。

当有一天，你的一个朋友表情认真地告诉你，他/她听来的关于你的闲言碎语时，你在说"SHUT UP"的同时，就应该知道他/她并不是你真正的朋友。

真正的朋友是懂得彼此帮助，而不是只想索取、对于你的求助无动于衷的人。

真正的朋友是在你做出决定时给你建议，而不是在你做出决定后嘲笑你幼稚的人。

真正的朋友，可遇不可求。

遇到了，是你一辈子都值得庆幸的事。

谜一样的男人

　　珊珊在一次聚会中，结识了一个男人，彼此都有好感。聚会后，男人开始约她，不久他们便有了那层关系。

　　偶尔男人到她家留宿，偶尔她住到男人家。

　　离婚两年的珊珊对男人很满意，执意把他当成了男朋友。男人也喜欢她，只是从未向外人提及他们之间的情侣关系。

　　一年后，珊珊提出想结婚的念头。男人顾左右而言他，不给她正面答案。

　　珊珊不想失去他，便默默做起了男人背后的女人。偶尔男人到她家留宿，偶尔她住到男人家。男人也带她旅行、逛街、吃喝玩乐，只是绝口不提结婚的念头。

　　再一年后，珊珊怀孕了，结婚的话题再次被提起。

　　男人只说了一句："打掉吧，我还不想要孩子。"

　　珊珊默默地去医院做掉了孩子，她对男人没有恨，她愿意等，等男人想结婚的那天。

　　又是大半年后，珊珊再次怀孕，这一次，她铁了心想结婚。

　　她跟男人谈判，已失去一个孩子，她不想再次失去。已三十五岁的她渴望有个家。

　　男人跟她摊牌：他不可能找一个离过婚的女人结婚，他出身农村，家里也希望找个没婚史的女人跟他匹配。

男人去意已定，珊珊跟他大打出手，最后肚中的孩子再次流产……

三年后再遇到珊珊，远在异乡的她已找到了属于自己的幸福。

回忆起那个男人，珊珊迷惘中流露出苦涩——

"他对我来说永远是个谜。直到今天我都不知道他是否真正爱过我。我们在一起近三年，他从未说过一个爱字。可他对我也不错，我们在一起的时光很快乐。他躺在我身边的时候温柔得像只宠物狗；可发起脾气来，他能把我吃掉。我从未见过他的一个朋友，可他每月都会给我钱花，我不相信他不跟我结婚的理由是因为我离过婚。见面第一天他就知道我离婚了，我们在一起三年，我为他打掉两个孩子，你说他有多狠心！可我决定离开这里的时候，他给了我一笔钱，他希望我过得好……明明他是爱我的，可他就是不娶我，为什么？对我来说，他永远都是个谜……"

谜一样的男人就好比你收到的一份精美礼物，它有着漂亮得令人过目不忘的美丽包装，打开包装纸，你会看到一个神秘的锦盒，你猜想里面一定是个令你心醉的东西，越猜不出越想看，可锦盒上了锁，送礼物的人没给你钥匙，你永远打不开它。

于是你只好小心地珍藏起来，你舍不得把锁撬开，怕毁了锦盒。这个神秘礼物你妥帖地收藏好，它成了一份美好的寄托。

有了寄托的女人沉醉在自己的小宇宙里，她不在乎那份礼物到底是什么，只要是他送来的礼物一定是美好难忘的。

等真的有一天你拗不过好奇心撬开了那个锦盒，你才猛然发现原来里面是空的，什么都没有，他只是要送你一个锦盒。

遇到谜一样的男人，你不必费尽心思追寻谜底，知道了那个谜底，你只会觉得自己是个笑话。

放蛊

　　传说苗人懂一种放蛊术。当地女人最擅长用这种毒术来控制她的男人。

　　蛊是一种剧毒，制造蛊毒的方法也很复杂。要收集各种毒虫，以毒药喂养它们，最后能存活下来的就是蛊，又称"毒虫之王"。

　　蛊是一种慢性毒药，吃掉后不会立刻死掉，会不知不觉中毒。而只有放蛊的女人掌握它的解药。传说放蛊的手法有很多：一二指所放的蛊，中蛊人的症状会较轻；若四指齐放，定致人不治之症，中蛊者必死无疑。女人有时会把蛊毒藏在簪子上，有时放在首饰里，有时是家中的某个隐秘角落……总之都会是男人发现不到的地方。

　　苗族的男人通常要去外地打工来维持家里的生计，一去就是一年。而这一年，女人是无法跟去的，那么女人就会偷偷地对她的男人放蛊，蛊毒恰好控制在一年的量。如果男人一年后还不肯回来，那么必会中毒身亡。如果男人信守诺言，一年后回家，女人就会送上解药，男人身上的蛊毒自然就会清除。

　　放蛊素有传女不传男一说，女人多用来防身和控制自己的男人。这种神秘的蛊术如果流传开来，恐怕女人飞檐走壁也要占为己用。可真的有这样一种放蛊术吗？

　　如果有，女人还用为男人哭天抢地吗？只需让他吃一点蛊，接下来的事都是女人做主了。

有外遇的，赶快处理掉，否则一定被放蛊；打女人的快住手，否则毒发身亡；骗女人钱的快还回来，否则四指放蛊；玩弄女性的快收手，否则蛊毒加倍；一只脚踩几只船的快些收心，否则彻底销毁解药……

男人乖乖地听话，女人用放蛊术轻易就制服了男人。每个女人只要掌握这种摄人心魄的蛊术，幸福就像向日葵总微笑莞尔地望着你、恋着你……

如果放蛊不只是一个传说，那么女人为男人流泪的故事将真的成为一种传说了。

愚孝

最近女友阿雯比较烦,与老公的战役频繁,最冤的便是导火索并不是他们之间出了问题,而是婆婆背后操纵着方向盘。表面的夫妻争吵多半也是婆媳大战的前奏。

阿雯结婚十年,孩子九岁,老公事业有成,有套大房子,开着好车,在外人看来是个令人艳羡的家庭。幸福的一方在展览爱情时,必然有一方是在暗处舔伤口的。揭开这层幸福的面纱,说起自己的委屈,阿雯眼泪都要掉下来。

自从结婚以后,这个婆婆总是对阿雯挑三拣四,当然头几年,还只是在儿子面前唠叨。最近几年,开始正面交锋,婆媳二人能因一点儿小事当面就吵开了。老公犯了难,一个是老婆,一个是亲妈,该帮谁?

亲妈立刻说:"当然要站在妈这头,老婆没了还可以再娶,亲妈就一个!"

老婆也不甘示弱:"那你跟你亲妈过吧,我带孩子走!"

此后,只要婆婆登门,阿雯便带着孩子回娘家。

平时还好说,若是春节婆婆住过来,一家人春节也各过各的。那情形苦不堪言。

婆媳出了问题,老公一定是润滑剂。若老公不能在中间很好地调和,家里的关系只会越来越糟。

可偏偏阿雯的老公非常孝顺，母亲大人说一，他决不敢说二。他一直觉得母亲把自己从小养大，供他上大学，一路不容易，所以内心总是更偏袒母亲这一方。就为这个，阿雯不知跟他吵过多少次。带着孩子回娘家，一走几天，老公也是不闻不问，只等母亲离开了，才敢把阿雯母女接回来。

再好的夫妻感情也经不起这样的折腾。阿雯不是没想过离婚，可是女儿才九岁，一想到孩子，她只有隐忍。老公就是那样一个懦弱的性格，四十岁的人了，还怎么改？

说到这儿，阿雯的眼泪汩汩而出。婚姻的不易，不是夫妻出了矛盾，而是有人背后操纵着方向盘，身不由己。

婆婆冲阿雯公然表态："你要是不想过了，赶紧走人，以我们儿子这条件，什么姑娘找不到！"

老公坐在一旁，闷声抽烟，任母亲咆哮。阿雯吵累了看着一言不发的老公，她才恍然明白：原来老公的孝顺竟是愚孝。

不分青红皂白，不就事论事，不主持公道，这样的老公夹在婆媳之间，后果可想而知。老公坚守孝道，自以为安全，不想却是种小聪明误了大局。

男女之间，本可以合则聚，不合则散。但夫妻之间，尤其多了一个孩子之后，谁敢轻言合则聚，不合则散？

看着面庞清瘦的阿雯，除了给她几句宽慰还能做什么？婚姻哪有对错？外人解决家务事总是力不从心。

爱上一个孝子，女人是要有心理准备的。孝顺固然好，可若是愚孝，真真害死人。

有时将感情毁于一旦的是聪明过度的愚蠢。

越难猜，越特别

有一类男人对女人是有致命吸引力的，尤其是对那些恋爱经验不足的女人。

这类男人外表不见得多英俊，他胜在你捉摸不透。

跟这类男人谈恋爱，你永远不知他在想什么，永远猜不透他的心理，永远不知他的下一步，永远没把握……可是越难猜，越特别。越把握不住的男人，你越想拥有。女人潜伏在心里的那种最变态最受虐的层面恰好被这类男人发掘出来，你欲罢不能，鬼迷心窍。

就像吸毒的人不会计较中毒的危害，只中意HIGH的过程。中了蛊的女人，满脑子都是这男人的影子，晨昏颠倒，爱的魔力飞檐走壁。

中蛊一段时间后，女人的傻问题就来了：

"他为什么不跟我解释，我还没原谅他，他竟然就要跟我亲热了，他太过分了！"

"我对他那么好，他怎么还会约别的女人看话剧？他到底心里怎么想的，我究竟哪儿做错了他这样对我？"

"他为什么就再不联系我了？我们只吵过一次而已，他怎么就失踪了？"

"为什么他不回我电话，他在忙什么？我怎么什么都不知道？"

"问他什么他都不说，他总说跟你说了也不懂，可我想跟他交流啊！"

越难猜，越特别

"他怎么可能跟我分手呢？上周我们还睡在一起啊，他这么快就变心了？会吗？"

"他说他要加班，我该信他吗？可我又不敢突然袭击，我怕他不信任我，可我该信任他吗？两个星期他都没理我了。"

"难道是他身体不好要跟我分手吗？他最近一直在说他身体不好，可我看他该玩什么一点也没耽误，他为什么不跟我说清楚？"

"他说他跟老婆没感情了所以离婚了，可他又说他们虽然离婚了可感情还在，他到底是怎么想的？"

"他嘴上说喜欢我，可怎么还跟别的女孩出游？还脸贴脸照相，他说是逢场作戏，是吗？"

"我发现我一点儿也不了解他，他从不带他的朋友给我认识，没人知道我们在一起，更没人知道我们分手了，可我就是忘不了他。"

……

分不清黑白是非的日子，宠坏了对方，贱着了自己。

十万个为什么都在等着那个最难猜、最特别的男人，可问题一股脑儿提出来的时候，只有空气为你作答。准备好谜面让你猜，却永远不给你答案的男人就是他的最特别之处。

细细回味与他的一程天涯，如海绵般扩张开的爱意都悬浮在精彩的谜面之中，等答案浮出水面的时候，换来的只是自己委屈的嘤嘤哭诉。

不与你分享心境的男人，你那么近地望着他，咫尺之隔，心却是天涯。

越难猜越特别的男人，还是别猜的好。捉迷藏的游戏在恋爱中并不有趣。

猫和耗子喜欢捉迷藏，可它们终究是对头。